例題で学ぶ OR 入門

工学博士　大堀　隆文
博士(工学)　加地　太一　共著
博士(理学)　穴沢　　務

コロナ社

ま え が き

本書のタイトルである**オペレーションズリサーチ**（operations research，略して OR）とは，さまざまな現実上の意思決定問題を，数理的手法を用いて解決する工学の一分野である。OR は数式が並び難しい印象を受けるが，取り扱う対象は社会のあらゆる分野に及んでいる。OR の原点は第二次世界大戦中の軍事意思決定から始まり，その後経営や政策などに対象を広げながら発展してきた。

OR はもともと社会に役立つ実学志向が強いので，社会のより良い意思決定に役立たなければ意味がないと考える。OR は現実問題のモデル化と理論化をするが，それを深めるほど数学的傾向が強くなり，現実社会から離れていく。OR の成果を現場で政策決定に活用してもらうには，OR 研究者が理論をわかりやすく説明し，研究成果を社会へ還元する努力が大切である。

一方，近年は**深層学習**をはじめとする人工知能がブームであり，自動化や最適化技術の実現が現実味を帯びてきた。しかし，これらの意思決定を人工知能で実現する場合，解法の中身がブラックボックスであり，感度解析や計画の修正の場面で人工知能の良さを発揮できない。一方，OR は意思決定に至る過程がブラックボックスではなく明示的に表現できるので，最適解ばかりではなく解周辺のさまざまな情報を得ることができる。しかし，人工知能は意思決定において強力な革新的手法であるので，今後は人工知能と OR の強みを融合した方法で，多くの意思決定問題を解決するだろう。

OR は，意思決定や最適化の実現のために必要な学問領域であるが，現在大学において OR の講義が行われている大学は少ない。しかも，従来の OR の教科書は数式が多いため一見難しく，特に文系学生の勉学意欲は低下する傾向にある。すなわち，理系学生も含めどんな教え方をしても学生本人のモチベーションがなければ，OR を習得することはできない。

このための方法として，本書では次の 2 つの方法を考える。1 つ目は，OR の問題の本質をできるだけ数理表現を用いずに説明する。2 つ目は，学生が OR 問題に興味や面白さを感じ，学習への意欲を引き出すことである。しかし，学生が OR への**モチベーション**を保ち続けるためには，興味深い例題や課題を用意することが必要である。近年，OR の教材を工夫し学生のモチベーションを保つ試みが増えてきたが，上記 2 つの要素を取り入れたテキストは見当たらなかった。

本書では，学生のモチベーションを保ちながら OR の基礎を習得することを目的として，できるだけ数理的表現を使わずに，かつ学生が興味を引きそうな例題や課題を開発した。すなわち，数学が苦手な学生，特に文科系の学生にはレベルの高い数学的な課題を極力減らし，最小限の数学からなる身近な話題を例題・課題とした。

本書は以下の 1～10 章と付録で構成される。1 章では，OR 入門として，OR とは何かをその歴史や応用をもとに概説する。また OR の注意点についても述べる。2 章では，**日程計画**の中でその有効性から最も普及しているアローダイヤグラムを述べる。3 章では，**線形計画問題**の中から製造・販売計画と輸送問題を例にとり，定式化から解法までを簡単に述べる。4 章では，確率を導入し不確実性のある問題を解く方法を述べる。5 章では，過去のデータに基づき客観的な予測をする方法を述べる。6 章では，**在庫**に関する費用を最小化する方法を述べる。7 章では，利害の対立する者が互いの立場を考えながらより大きい利益を得る方法を述べる。8 章では，複数の代替案の中から合理的に最善案を求める方法を述べる。9 章では，複数の評価項目をもつ複数案を合理的に評価する方法を述べる。10 章では，変数が連続的でない組合せ最適化問題を効率的に解く方法を述べる。また付録 A1 では，本書で扱う OR の例題・課題の定式化と解法に最低限必要な数学とその応用を述べる。付録 A2 では，OR の例題・課題を解くのに必要な Excel ツールである，「ソルバー」と「分析ツール」について簡単に説明する。

本書は大学などの講義においても使用できるように，各章において例題と演習課題を用意している。例題は実際に手計算や**Excelソルバー**などで解くことにより，結果を確認することができる。演習課題の解答例はWebページからダウンロードすることができ，自分で解いた解と比較し学習することができる(p.27参照)。

一見難しく取りつきにくいORの学習に対して，モチベーションが下がればさらに難しいものとなる。本書はモチベーションを保つ試みとして，OR問題の本質を数式を使わずに説明し，また学生が興味をもつ例題と課題を作成した。本書を読んで一人でもORが好きな学生が現れることを願ってまえがきとする。

最後に，われわれをいつも陰からサポートしてくれている妻の大堀真保子，加地祥子，穴沢三佳子に最大限の感謝の意を表したい。彼女らの支えがなければこのテキストを完成することはできなかっただろう。そして，本書の企画から完成まで，さまざまな面でご助力いただいたコロナ社の関係者の皆様に，改めて感謝申し上げる。

2017年2月

著者を代表して　大堀　隆文

執筆分担

1，7，9章	大堀　隆文
2～6章，付録	穴沢　務
8，10章	加地　太一

目　　　次

1. OR　入　門

2. 日程計画

3. 線形計画法

4. 不確実性とOR

5. 予　　測

6. 在 庫 管 理

7. ゲームの理論

8. AHP（物事を決めるには）

9. DEA（包絡分析法）

10. 組合せ最適化

付　　録

OR　入　門

本章では，ORを学習するための導入を述べる。ORとは何か，ORの歴史，ORの応用，最後にORの注意点について述べる。

1.1　ORとは何か

ここでは，本書のタイトルである**オペレーションズリサーチ**（operations research，ORと略）とは何かについて述べる。ORはもともと第二次世界大戦中にイギリスが軍事研究として使ったのが始まりで，互いに干渉し合う複数の作戦が最適な方法で効率的に実行可能かを検証する目的で使われた科学である。さまざまな環境や変化する状況において，数学や統計学を用いて数理モデルを作成し分析することで最適なアプローチを導き出す。現代では戦争だけではなくビジネスや学術研究など，あらゆる場面でORは使われるようになった。

意思決定技法としてのORはいくつかの特徴をもつ。第一の特徴は，システムズアプローチをとり，意思決定を必要とする状況をシステム的に把握することである。システムとは共通目的をもつ要素や部分の集合をいう。要素や部分は相互作用をもつが，利害が背反したり立場が異なるのが普通である。ORは，システムの部分的な最適化ではなく共通目的の観点から全体的な最適化を図ることである。

第二の特徴は，学際的アプローチをとり，さまざまな分野の専門家や専門知識を広く結集し問題解決をすることである。新しい問題状況は特定の専門分野のアプローチのみでは解決法が見つからず，問題そのものを正確に把握できないことが多い。例えば経済学，数学，工学などの成果を結集し，新しい発想を重視する。

第三の特徴は，科学的アプローチをとることである。科学的アプローチは，まず現状分析により問題の所在を明確にし，数式モデルを作成する。モデルは意思決定の良否を評価する尺度を定め，意思決定者が制御できる変数とできない変数を区別し，各変数を評価尺度に結びつける関数の形で定式化する。モデルの解析的方法，シミュレーション方法，数値解析などにより解を求め，解の評価後に特定の解を選択し実施に移る。近年では，モデルを構成し解を求め評価し選択する過程にコンピュータを使用するのが普通である。

1.2 OR の 歴 史

OR は第二次大戦中にイギリス軍の作戦研究として誕生した。初期の OR 適用例は軍事目的がほとんどである。当時は課題ごとに個別アプローチをとり，ほぼすべての場合，観察データを**統計分析**しただけである。線形計画法などの特別な技法を用いたわけでなく，体系的な研究もしていない。ドイツの U ボートの攻撃に悩まされた OR チームは，以下の研究を行い多大な成果をあげた。

・艦隊の U ボートへの攻撃力や損害低減などを考慮した最適規模決定
・哨戒機が U ボートからの発見を減らす色彩研究
・U ボートへの攻撃で損害を最大にする爆弾破裂深さの研究

アメリカ軍は第二次大戦中，バルチモア港からの 20%の出港は不経済だと考え，すべてをニューヨーク港から出港させた。しかし出港所要時間が 2 倍に増えたので，OR グループに原因解明を依頼した。この結果，ニューヨーク港での到着率 20%増加が待ち時間を増大させたことがわかり，理論と一致した。アメリカ軍は第二次大戦末期に，日本の戦闘機による体当たり攻撃に恐怖をもった。攻撃機の侵入角度が垂直に近く，進行方向が水平に近ければ，直角方向の逃避がよいことが判明した。

戦争が終わり，さまざまな OR 技法が出現した。まず 1947 年，ダンチッヒは**線形計画法**の解法である**シンプレックス法**（単体法）を考案した。シンプレックス法は戦争中に開発されたが軍事機密にされ，戦後公開された。シンプレックス法により線形計画法の実務応用が注目され，初期のコンピュータもこの解法を搭載していた。その後，線形計画法の新解法が次々に提案された。最も有名な解法は**カーマーカー法**である。一般に数学解法は特許法の対象にならないが，カーマーカー法は各国で特許申請し，論争を起こした。

日本のOR研究は，1952年に発足した日科技連のOR研究委員会に始まる。日科技連は，学会や産業界のOR研究者の交流の場となり，講習会や図書出版などを通して，ORの普及，ORワーカーの養成を行ってきた。1957年には日本OR学会が発足し，その後電電公社，国鉄などで次々とOR研究会が誕生した。初期のOR活用では，国鉄（現JR）と電電公社（現NTT）が顕著であった。双方とも研究所に優れた研究者を配し，国の機関として大学との交流も密であった。民間企業のOR適用や成果は多くあり，企業秘密なのであまり公表されないが，貴重なものが多い。

1.3 OR の 応 用

ORの代表的な手法とそれらの応用分野例を以下に示す。

プロジェクトを進捗管理する手法にバーチャートやガントチャートがあるが，より効果的なスケジューリング手法として**PERT**（日程計画）がある。これは作業の先行関係をネットワークのつながりで表す。工程を進めるときに最も早く完了する最早完了時間と時間内で完了するのに影響を与える作業のつながりを明確化し，これを重点的に管理することで納期に間に合わせる手法である。PERTの応用例として，建築土木の施工管理や製造業の生産計画のほか，研究計画やソフトウェア開発，流通や販売，広告やマーケティング活動などのスケジューリングにも利用される。

実社会の多くの問題は**線形計画問題**として定式化でき，その応用として初期の頃は軍事，経済学やゲームの理論が中心であったが，しだいに産業の分野へと重心が移された。1947年にダンチッヒ（Dantzig）により提案された**単体法**は，コンピュータの発展と大規模線形方程式の処理技術向上と相まって，線形計画問題に対する実用的な解法となった。しかし近年，単体法は問題の入力サイズに関する多項式時間解法でないことが指摘された。一方，カチヤン（Khachiyan）とカーマーカー（Karmarkar）は最初に多項式時間解法を提案した。**カーマーカー法**とその後開発された内点法は，大規模な線形計画問題に対し，理論および実用の両面において単体法より優れた解法として確立された。

在庫問題とは，倉庫から毎日出荷し発注後数日で入荷するシステムを考え，このときの在庫費用を最小にする発注量を求める方法である。小売業では，在庫にあたり保管費用が発生し，また品質低下や陳腐化により何らかの費用が発生する。それらを総合して在庫費用と呼ぶ。在庫費用がかかるため，商品の在庫はできるだけ少ないほうがいい。一方，あまりに在庫が少ないと品切れを起こし，商品があれば得たであろう利益を失うという機会損失や，客の需要を満たせない店の信頼低下の損失の問題が起こる。

ゲームの理論は，経済や社会における複数主体が意思決定する問題や，行動の相互依存の状況を数学モデルを用い研究する学問である。ゲームの理論は，自分の利得が自分だけでなく他者の行動にも依存する戦略的状況を扱う。応用として，経済，社会，政治，生物学，コンピュータなど幅広いが，現在最も応用が進んでいるのは経済学である。多くの経済現象を個人の効用最大化とみなす現在経済理論の方法論は，まさにゲームの理論そのものである。

階層化意思決定法（**AHP**）は，トップの意思決定者の抱える構造不明確な問題を扱う。問題が把握しにくいときにも，問題全体をみて，評価基準と代替案の階層図に表現し，複数の評価基準のもとで代替案の中から選択する方法である。リソース配分，評価や順位づけ，最終的に問題全体からみた代替案の重要度を求める。その際，2要素間の一対比較という直感的で単純な判断の積み重ねをもとに大局的な判断を行う。応用として，組織の中だけではなく社会や公共の意思決定の場で広く利用されている。

事業体などの効率性を相対的に評価する**包絡分析法**（**DEA**）は，1978年にローズにより提案された。できるだけ少ない入力と多くの出力を出すことを目標に，多入力多出力の場合は入出力の加重和をとり，それらの比が最大の解を線形計画法により求める。DEA ではある評価対象者にとり最も有利になるように重みを決める。しかし，その重みを用いて他の評価対象者よりも出力加重和／入力加重和が小さければ，その評価対象者は効率的でない。これに基づき，分数計画モデルと線形計画問題に変換モデルが提案された。

与えられた条件を満たす組合せや順番を選ぶとき，選べる組合せの中から一番良いものを探す問題を**組合せ最適化問題**という。しかし，問題のサイズが大きくなるにつれ，対象とすべき解の数が爆発的に増加するため，たとえ有限でもすべての解を列挙して最適解を得ることは事実上不可能となる。また，単純なアルゴリズムや貪欲的な解法だけでは，最悪の場合，最適とはかけ離れた解が得られることがある。そこで，最適解に近い近似解を見つける近似解法も研究されている。理論的な保証はないものが多いが，経験的に誤差がほぼ数%以内になることがわかる。組合せ最適化問題は現実に多く存在し，例えば配送計画，スケジューリング，生産計画，割当配置問題，巡回セールスマン問題，ナップザック問題などで実用化されている。

1.4 OR の 注 意 点

ある高層ビルでは，エレベータの待ち時間が長く利用者の不満が高いので，原因を突き止め改善策を見出すために，各階の乗降客数やエレベータの昇降状態を把握しモデル化を試みた。チームの一人がエレベータホールに大きな鏡の設置を提案すると，その結果不満の声は急速に静まった。女性は自分の姿を映して髪形などのチェックをし，男性はそれを見てニヤニヤする。不満は待ち時間が長いと感じることにあり，問題の真の原因を明確にすることが必要である。

一般に OR アプローチは

① 実務を数学的なモデルにマッピングする

② そのモデルで最適解（満足解）を求める

③ その解を実務に取り入れる

ことで行われる。①は完全なマッピングは不可能であり，例えば線形計画問題では，制約式もモデル制作者の主観により決定される。

巧妙なモデル制作者ならば，制約式の選択や制約条件式を工夫し，関係者が納得したうえでモデル制作者が意図するモデルを作ることは容易である。OR専門家は，モデル作成に際し業務関係者にヒアリングするとき，OR以前にどの条件が結果に影響するかを知っているので，都合の良い条件だけを示すこともできる。極端な場合は，最初の解を見てから新条件を示し，変更を迫ることもできる。

条件を少し変えただけで大きく変化する不安定な解は，そのまま実務に適用するのは危険である。それを回避する条件をさまざまに変えて，条件と結果の関係を正しく把握することが大切である。ORの真の目的は単に解を得ることではなく，条件と解の関係を理解することにある。このためにはモデルを単純化することが重要である。思いつく条件をすべて採用したほうが優れたモデルと考えがちであるが，モデルが巨大化・複雑化すると条件と解の関係が見えなくなる。全体を見渡せる程度の単純なモデルを基本にして，解の吟味を行う段階で適宜条件を追加するほうがよい。これはOR初心者への適切な戒めである。初心者は巨大・複雑な見えないモデルにしてしまい，その解をそのまま信じる傾向がある。ORによる解は，科学的方法による客観的結果と思われる。それを悪用することは職業倫理として厳に慎むべきである。

日　程　計　画

ビルや競技場などの建設といったビッグプロジェクトは，膨大な数の作業からなる。ほとんどの作業には，それよりも先に完了させないといけない先行作業が存在する。そうした先行作業の制約を満たしながら，最短の工期でプロジェクトを完了させるために，各作業の開始のタイミングを計画するのが，日程計画の１つの目的である。

また，作業の中には「これが遅れるとプロジェクト全体の工期が延びる」という作業がある。こうした作業に経営資源（おもにヒト，モノ，カネ）を集中して投入することで，工期延長や品質低下を防止したり，場合によっては工期短縮につなげることもできる。このように，絶対に遅れが許されない作業を洗い出すことも，日程計画のもう１つの目的である。

日程計画のためのツールとして，古くからガントチャート（後述）が知られている。これは，その見やすさから現在でも活用されているが，先行作業と後続作業の関係が見にくいという欠点がある。そうした欠点を補う方法として，アローダイヤグラム（後述）を用いた **PERT**（program evaluation and review technique）がよく知られている。本章では，PERT の基本を，簡単な例題で解説する。

2.1　アローダイヤグラム

【例題 2.1】　某大学の O ゼミでは，ゼミの親睦を図るためにカレーパーティを

予定している。パーティの準備には，**表 2.1** の作業リストのような段取りが必要である。この作業リストに対する「アローダイヤグラム」を描きなさい。

表 2.1　作業リスト

作　業	時　間〔分〕	先行作業
A（買出し）	30	なし
B（米研ぎ）	5	A
C（下ごしらえ）	20	A
D（炊飯）	40	B
E（カレー調理）	30	C
F（盛り付け）	10	D，E

（**解説**）　**アローダイヤグラム**とは，先行作業と後続作業の関係を図式化したものである。各作業を**矢線**（アロー）で表し，先行作業と後続作業を**ノード**と呼ばれる点で結びつける。このことから，ノードを**結合点**ともいう。説明のため，1 つの作業 A（所要時間 30 分）だけからなるプロジェクトを考えると，そのアローダイヤグラムは**図 2.1** のように描ける。

図 2.1 のように，矢線には作業名と所要時間を添えて書く。ノードには便宜上番号を書く（付番の方法は後述）。矢線が出ていくノード（この場合ノード 1）をその矢線の**始点**，矢線が入っていくノード（この場合ノード 2）をその矢線の**終点**という。

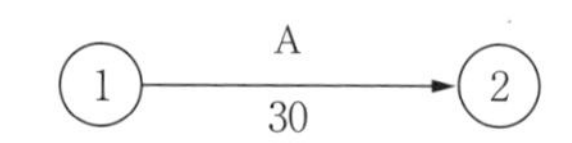

図 2.1　作業 A だけからなるプロジェクトのアローダイヤグラム

アローダイヤグラムを描く際には，いくつかのルールがある。

ルール 1：先行作業がない作業の始点の番号は 1 とする。そのような作業が複数ある場合は，ノード 1 を共通の始点とする。

例えば，**図 2.2** において，3 つの作業 A，B，C には先行作業がないので，ノード 1 が共通の始点となる。

ルール 2：先行作業の終点は，後続作業の始点である。

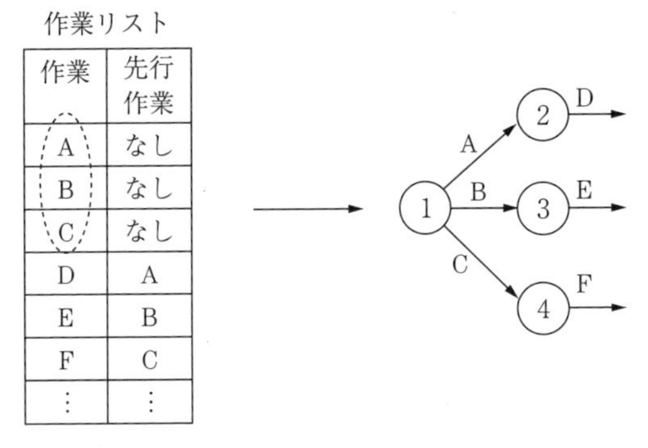

図 2.2　先行作業がない作業

例えば，図 2.2 において，作業 D の先行作業は作業 A なので，A の終点であるノード 2 が D の始点となる。作業 E，F についても同様のことがいえる。

ルール 3：後続作業がない作業の終点の番号はノード総数とする。そのような作業が複数ある場合は，ノード総数に等しい番号のノードを共通の終点とする。

例えば，**図 2.3** はノード総数＝11 を仮定している。作業 J，K，L には後続作業がない，言い換えれば先行作業欄に現れないので，ノード 11 が共通の終点となる。

ルール 4：先行作業が複数ある作業の始点は，先行作業の共通の終点となる。また，後続作業が複数ある作業の終点は，後続作業の共通の始点となる。

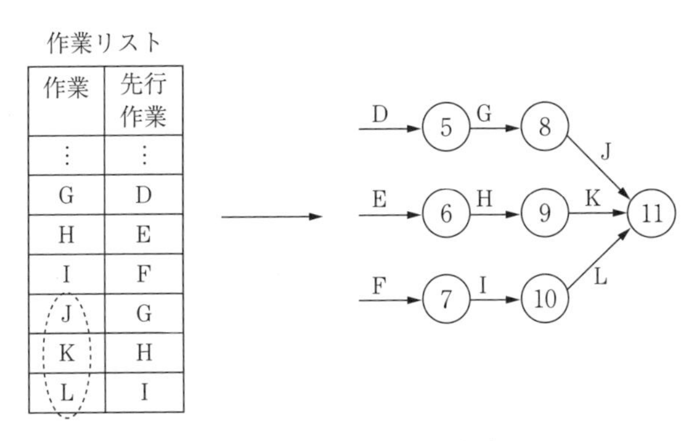

図 2.3　後続作業がない作業

例えば，**図 2.4** において，作業 F の先行作業は D，E なので，F の始点は D，E の共通の終点となる。また，作業 H の後続作業は I，J なので，H の終点は I，J の共通の始点となる。

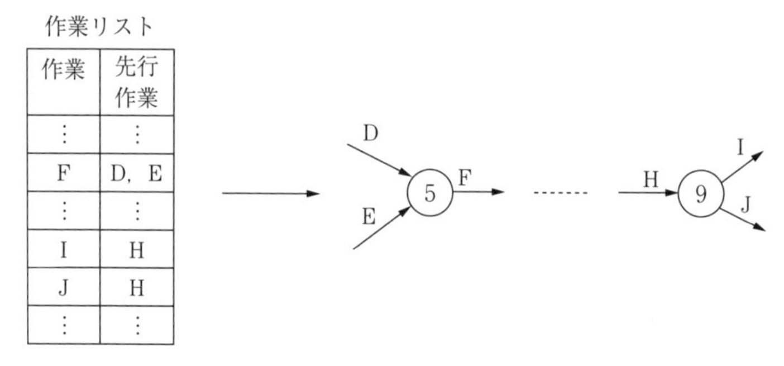

図 2.4　先行作業が複数ある作業（F）と，後続作業が複数ある作業（H）

ルール 5：始点と終点が共に等しい矢線（作業）が複数あってはならない。もし，そのようなケースとなるときは，所要時間 0 の**ダミー作業**（架空の作業，点線で表す）を適宜挿入する。

例えば，**図 2.5** において，2 つの作業 C，D は共に共通の先行作業 B と，共通の後続作業 E をもつ。ルール 4 に従えば，C，D は始点，終点ともに等しく

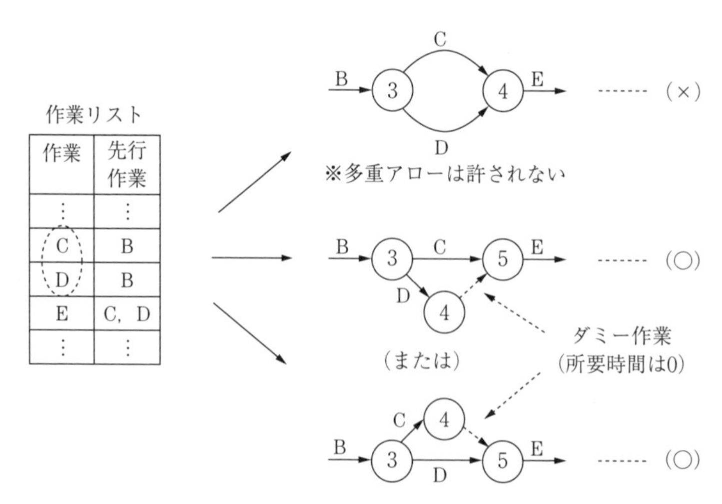

図 2.5　ダミー作業による多重アローの回避

なる（つまり「多重アロー」となる）が，これは許されていない。理由は，始点と終点のペアで矢線（作業）が一通りに決まったほうが，計算上都合が良いからである。その場合，図2.5のようにダミー作業を挿入すれば，作業の前後関係を崩すことなく多重アローを回避できる。

なお，ダミー作業の役割は，多重アローの回避だけではない。例えば，**図2.6**において，作業Eの先行作業はC，D，作業Fの先行作業はDであり，作業E，Fの先行作業の一部（D）が一致している。このような場合，図のようにダミー作業を挿入することによって，はじめて正しい前後関係を表現できる。

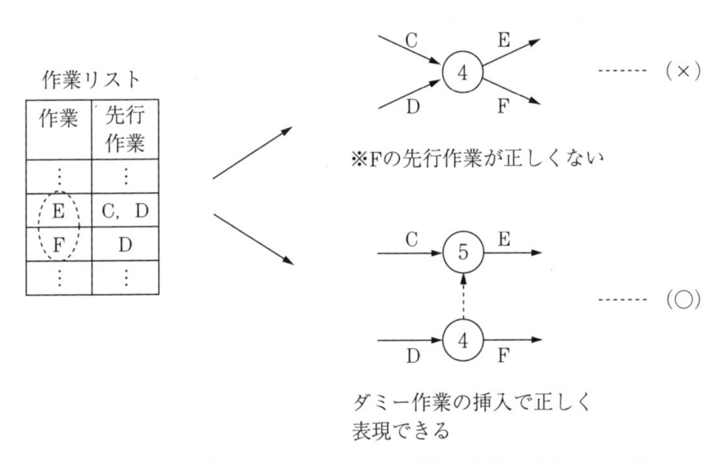

図2.6　先行作業の一部が一致する複数の作業を表現する方法

ルール6：ノードへの付番は，始点の番号よりも終点の番号のほうが大きくなるように行う。

ルール7：アローダイヤグラム内に閉路（あるノードから矢線の方向に従って進んだとき，元のノードに戻るような道筋）があってはならない。

実際には，いくつかの作業を何回か反復するケースは考えられるが，ここではそのようなケースを想定しない。なお，閉路がある場合は，ルール6のような付番をすることができない。

以上，説明が長くなったが，こうしたルールに従って，例題2.1の作業リストに対するアローダイヤグラムを描いてみよう。

(解答)　念のため，例題2.1の作業リストを再掲する（**表2.2**）。

まず，作業A（買出し）には先行作業がないので，始点の番号を1とする。また，Aは先行作業がない唯一の作業なので，終点の番号をすぐに2と決めることができる（先行作業がない作業が複数ある場合，それらの終点への付番には注意が必要）。以上のようにして，**図2.7**（a）が得られる。

表2.2　作業リスト（再掲）

作　業	時　間〔分〕	先行作業
A（買出し）	30	なし
B（米研ぎ）	5	A
C（下ごしらえ）	20	A
D（炊飯）	40	B
E（カレー調理）	30	C
F（盛り付け）	10	D，E

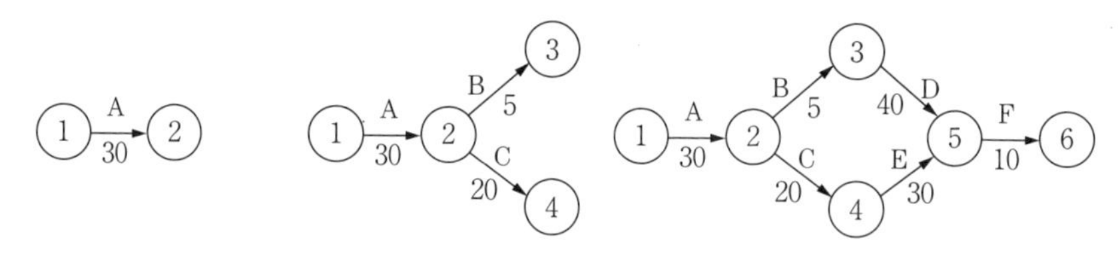

（a）　作業Aの図式化　（b）　作業Cまでの図式化　（c）　完成図

図2.7　アローダイヤグラムの作成過程

次に，作業B（米研ぎ）と作業C（下ごしらえ）は，作業Aを共通の先行作業とするので，Aの終点2がB，Cの共通の始点となる。作業B，Cはある作業の共通の先行作業とはなっていないので，それらの終点には3以上の番号を適当につけることができる。そこで，B，Cの終点の番号をそれぞれ3，4とする。以上の結果，図2.7（b）が得られる。

さらに，作業D（炊飯）の先行作業は作業Bのみなので，Bの終点3をDの始点とする。同様に，作業E（カレー調理）の始点は作業Cの終点4とする。作業F（盛り付け）は2つの作業D，Eを先行作業とするので，Fの始点がD，Eの共通の終点となる。その番号は，D，Eの始点の番号（3，4）よりも大きい5とする。作業Fには後続作業がないので，その終点は始点5より

も大きい6とする。以上により，図2.7（c）のようなアローダイヤグラムの完成版が得られる。 □

なお，例題2.1のようなシンプルなケースでは，以上のようなプロセスで比較的簡単にアローダイヤグラムを作成できるが，実際にはそうはいかない。作業数が何千，何万とある場合もあり，しかも先行・後続関係が複雑になれば，かなり困難な作業になることが予想できる。実は，作業リストからアローダイヤグラムへの変換には，職人芸的な熟練が必要である。よって，本書ではこれ以上深入りしないことにする。

2.2 ノ ー ド 時 刻

PERTでは，各作業について，早ければいつから始められるか，そして遅くともいつまでに終わらせないといけないか，ということを計算する。その準備として，各ノードごとに定まる2種類の時刻（最早結合点時刻と最遅結合点時刻）を計算する必要がある。

【例題2.2】 例題2.1の作業リストに対するアローダイヤグラムが，**図2.8**のように得られている。これより，各ノードに対する最早結合点時刻と最遅結合点時刻を求めなさい。

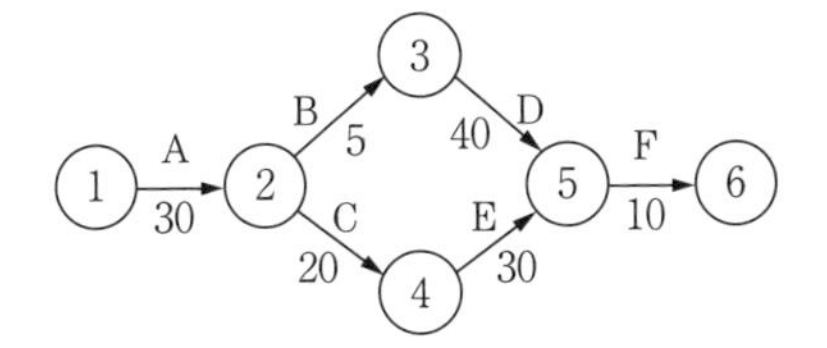

図2.8 例題2.1の作業リストに対するアローダイヤグラム（図2.7（c）の再掲）

（**解説**） **最早結合点時刻**（earliest node time：ENT）とは，そのノードを始点とする作業を開始できる最も早い時刻である。一方，**最遅結合点時刻**（latest node time：LNT）とは，そのノードを終点とする作業を終了しないといけな

い最も遅い時刻（デッドライン）である。最初に，ENT をノード 1 から番号の小さい順に求める。最終ノード（図 2.8 ではノード 6）の ENT が，プロジェクト全体の最短工期となる。次に，その最短工期を実現するための LNT を最終ノードから番号の大きい順に求める。

（解答）　まず，**図 2.9** のように，各ノードに 2 つの記入欄を設ける。上段に ENT，下段に LNT を記入していくことにする。

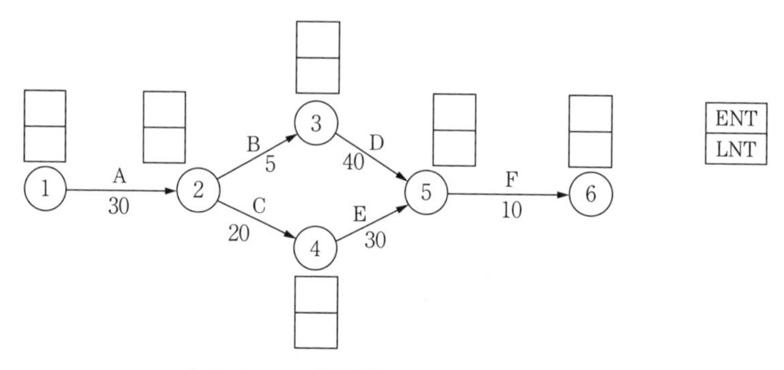

図 2.9　ENT 記入前のアローダイヤグラム

次に，各ノードの ENT の計算に入る。ノード 1 から番号の小さい順に求めていく。なお，ノード i に対する ENT を ENT_i と表す。読者は，以下のプロセスに従って，図 2.9 の ENT 欄に値を記入してみるとよい。

（ENT_1 の計算）　自動的に 0 を記入する。

（ENT_2 の計算）　作業 B，C が開始できる最早時刻を求める。先行作業 A は最早で 0（$=ENT_1$）分後に開始されるので，最早で $0+30=30$ 分後に終了する。よって，B，C は最早で 30 分後に開始できる。つまり，$ENT_2=30$ である。

（ENT_3 の計算）　作業 D が開始できる最早時刻を求める。先行作業 B は最早で 30（$=ENT_2$）分後に開始されるので，最早で $30+5=35$ 分後に終了する。よって，D は最早で 35 分後に開始できる。つまり，$ENT_3=35$ である。

（ENT_4 の計算）　作業 E が開始できる最早時刻を求める。先行作業 C は最早で 30（$=ENT_2$）分後に開始されるので，最早で $30+20=50$ 分後に終了する。よって，E は最早で 50 分後に開始できる。つまり，$ENT_4=50$ である。

(ENT_5 の計算）　作業Fが開始できる最早時刻を求める。Fの先行作業は2つあって，Dは最早で35（$=ENT_3$）分後に開始，$35+40=75$ 分後に終了し，Eは最早で50（$=ENT_4$）分後に開始，$50+30=80$ 分後に終了する。Fは先行作業D，Eが両方終わってはじめて開始できるので，最早で80（$=\max\{75, 80\}$）分後に開始できる。つまり，$ENT_5=80$ である。

(ENT_6 の計算）　仮に作業Fの後続作業が追加された場合に，それを開始できる最早時刻を求める。作業Fは最早で80（$=ENT_5$）分後に開始されるので，最早で $80+10=90$ 分後に終了する。よって，Fの後続作業は最早で90分後に開始できる。つまり，$ENT_6=90$ である。実際には，Fの後続作業はないので，ENT_6 がこのプロジェクト全体の最短工期となる。以上により，**図2.10** が得られる。

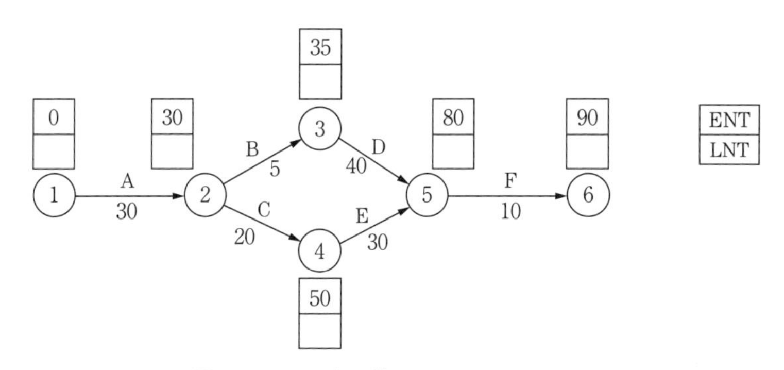

図2.10　ENT記入後のアローダイヤグラム

今度は，各ノードのLNTを，最終ノードから番号の大きい順に求めていく。ノード i に対するLNTを LNT_i と表す。

(LNT_6 の計算）　自動的に ENT_6 の値90を記入する。

(LNT_5 の計算）　作業D，Eを遅くとも終了しないといけない時刻を求める。後続作業Fは遅くとも90（$=LNT_6$）分後に終わらせないといけないので，遅くとも $90-10=80$ 分後には始めないといけない。よって，D，Eは遅くとも80分後に終わらせないといけない。つまり，$LNT_5=80$ である。

(LNT_4 の計算）　作業Cを遅くとも終了しないといけない時刻を求める。後続作業Eは遅くとも80（$=LNT_5$）分後に終わらせないといけないので，遅くとも80−30=50分後に始めないといけない。よって，Cは遅くとも50分後に終わらせないといけない。つまり，$LNT_4=50$である。

（LNT_3の計算）　作業Bを遅くとも終了しないといけない時刻を求める。後続作業Dは遅くとも80（$=LNT_5$）分後に終わらせないといけないので，遅くとも80−40=40分後に始めないといけない。よって，Bは遅くとも40分後に終わらせないといけない。つまり，$LNT_3=40$である。

（LNT_2の計算）　作業Aを遅くとも終了しないといけない時刻を求める。Aの後続作業は2つあって，Bは遅くとも40（$=LNT_3$）分後に終了（よって40−5=35分後に開始），Cは遅くとも50（$=LNT_4$）分後に終了（よって50−20=30分後に開始）しないといけない。AはB，Cが始まる前に終わっていないといけないので，遅くとも30（$=\min\{35, 30\}$）分後に終わらせないといけない。つまり，$LNT_2=30$である。

（LNT_1の計算）　仮に作業Aの先行作業があった場合に，それを遅くとも終了しないといけない時刻を求める。作業Aは遅くとも30（$=LNT_2$）分後に終わらせないといけないので，遅くとも30−30=0分後に始めないといけない。よって，Aの先行作業は遅くとも0分後に終わらせないといけない。つまり，$LNT_1=0$である。以上により計算は完了し，**図2.11**が得られる。

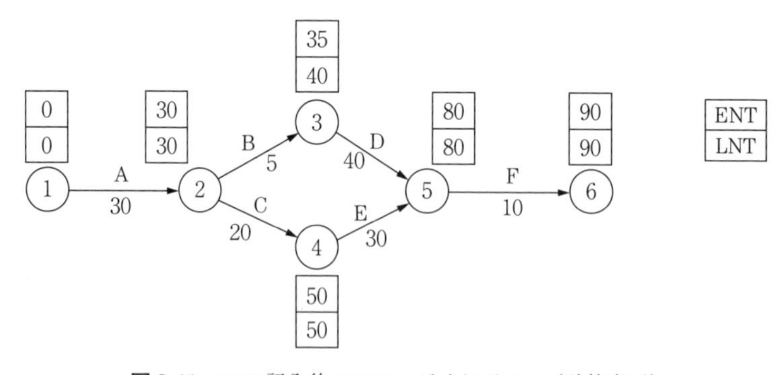

図2.11　LNT記入後のアローダイヤグラム（計算完了）

□

以上の手順は，次のようにまとめることができる。ノード総数を n（例題2.2では $n=6$）とすると，ENT の計算は，要するに以下を実行すればよい。

$ENT_1=0$ とおく。ENT_j（$j=2, 3, \cdots, n$）は，ノード j に入る各先行作業に対して「先行作業の始点の ENT にその作業の所要時間を加算」を実行し，その計算結果の中の最大値をとる。（※）

また，LNT の計算は次のように要約できる。

$LNT_n=ENT_n$ とおく。LNT_i（$i=n-1, n-2, \cdots, 2, 1$）は，ノード i から出る各後続作業に対して「後続作業の終点の LNT からその作業の所要時間を引く」を実行し，その計算結果の中の最小値をとる。（☆）

なお，上記の（※）や（☆）をさらに定式化すれば，計算が機械的に実行できるようになるだけでなく，Excel での計算やプログラミングが容易になる。詳しくは章末の「補足」を参照されたい。

〈**参考**〉　日程計画では，古くから**ガントチャート**と呼ばれる工程表が活用されている。例えば，例題2.1の作業リストに対応するガントチャートは，**図2.12**のように描ける。

ガントチャートは，作業の前後関係がわかりにくいという欠点はあるが，作業のタイミングが時系列で表現されているという大きなメリットがあり，依然として利用価値がある。よって，今日ではアローダイヤグラムで ENT を計算し，それをもとにガントチャートを描く方法が主流である。

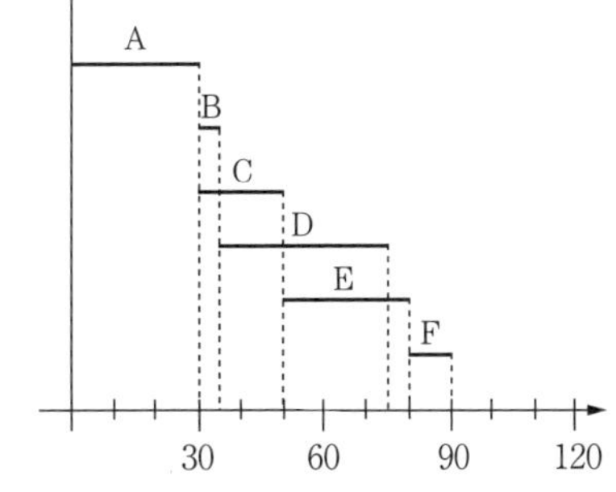

図2.12　例題2.1に対するガントチャート

2.3　作業ごとの各種時刻

前節では，<u>各ノードごと</u>に最早結合点時刻（ENT）と最遅結合点時刻（LNT）を求める方法を考えた。しかし，実際に知りたいのは，<u>各作業ごと</u>の主要な時刻である。具体的には，次の 4 種類の時刻を知りたい。

- **最早開始時刻**（earliest start time：ES）：その作業を開始できる最早時刻。
- **最早終了時刻**（earliest finish time：EF）：その作業を終了できる最早時刻。
- **最遅開始時刻**（latest start time：LS）：その作業を遅くとも始めないといけない時刻。
- **最遅終了時刻**（latest finish time：LF）：その作業を遅くとも終わらせないといけない時刻。

これらは，ENT と LNT から容易に計算できる。これ以降，始点が i，終点が j の作業を (i, j) と表し，作業 (i, j) の所要時間を t_{ij} とおく。また，作業 (i, j) に対する ES，EF，LS，LF をそれぞれ ES_{ij}，EF_{ij}，LS_{ij}，LF_{ij} と表す。まず，ENT_i の定義が「ノード i を始点とする作業を開始できる最早時刻」であったことを思い出すと，作業 (i, j) に対してただちに以下が得られる。

$$ES_{ij} = ENT_i \tag{2.1}$$

$$EF_{ij} = ES_{ij} + t_{ij} \quad (= ENT_i + t_{ij}) \tag{2.2}$$

次に，LNT_j の定義が「ノード j を終点とする作業を遅くとも終わらせないといけない時刻」であったことを思い出すと，作業 (i, j) に対してただちに以下が得られる。

$$LF_{ij} = LNT_j \tag{2.3}$$

$$LS_{ij} = LF_{ij} - t_{ij} \quad (= LNT_j - t_{ij}) \tag{2.4}$$

【例題 2.3】 例題 2.2 で得られた ENT と LNT（図 2.11）から，各作業ごとの ES，EF，LS，LF を求めなさい。

（解答） 図 2.11 をもとに，まず**表 2.3** のような数表を作成しよう。このうち，始点 i，終点 j，所要時間 t_{ij} は図 2.11 からただちにわかる。

読者は，以下のプロセスを追いながら表の空欄を埋めるとよい。まず，ES_{ij} は ENT_i（始点の ENT）に等しいので，各始点 i に対応する ENT の値を埋めればよい。この場合，上から 0，30，30，35，50，80 と埋まるはずである。次

表 2.3 各種時刻の計算表（初期状態）

作業	始点 i	終点 j	t_{ij}	ES_{ij}（$=ENT_i$）	EF_{ij}	LS_{ij}	LF_{ij}（$=LNT_j$）
A	1	2	30				
B	2	3	5				
C	2	4	20				
D	3	5	40				
E	4	5	30				
F	5	6	10				

に，LF_{ij} は LNT_j（終点の LNT）に等しいので，各終点 j に対応する LNT の値を埋めればよい。この場合，上から 30，40，50，80，80，90 と埋まるはずである。EF_{ij} の欄には，ES_{ij} に t_{ij} を足した値を記入すればよく，LS_{ij} の欄には，LF_{ij} から t_{ij} を引いた値を記入すればよい。よって，各作業ごとの ES，EF，LS，LF は**表 2.4** のように得られる。

表 2.4 各種時刻の計算表（計算完了）

作業	始点 i	終点 j	t_{ij}	ES_{ij}（$=ENT_i$）	EF_{ij}	LS_{ij}	LF_{ij}（$=LNT_j$）
A	1	2	30	0	30	0	30
B	2	3	5	30	35	35	40
C	2	4	20	30	50	30	50
D	3	5	40	35	75	40	80
E	4	5	30	50	80	50	80
F	5	6	10	80	90	80	90

□

2.4 余裕時間とクリティカルパス

いよいよ，数ある作業の中で絶対に遅れが許されない作業の洗い出しに入ろう。その準備として，遅れの猶予を示す余裕時間について考える。**余裕時間**には次の 2 種類がある。

・**自由余裕**（free float：FF）：その時間だけ開始時刻を遅らせても，後続作業の開始時刻に影響を与えないだけの時間的余裕。

・**全余裕**（total float：TF）：その時間だけ開始時刻を遅らせても，全プロジェクトの終了時刻に影響を与えないだけの時間的余裕。ただし，後続作業の開始時刻に影響を与える場合がある。

これら余裕についてきちんと定義し，その性質を確認する。作業 (i,j) に対する自由余裕 FF と全余裕 TF をそれぞれ FF_{ij}，TF_{ij} とおくと，それらは次のように定義される。

$$FF_{ij}=ENT_j-EF_{ij} \tag{2.5}$$

$$TF_{ij}=LF_{ij}-EF_{ij} \tag{2.6}$$

これらの性質を確認するために，**図 2.13** のように始点が i，終点が j の作業 P があって，P は 2 つの作業 Q，R の先行作業である場合を考える。

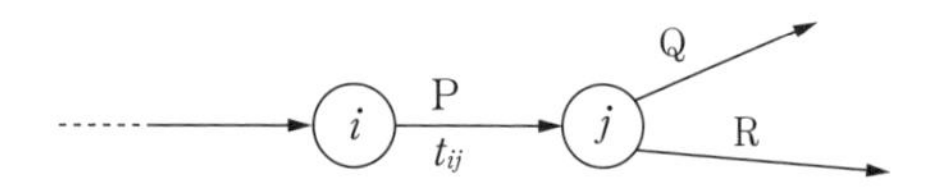

図 2.13　先行作業 P とその後続作業 Q，R

P の自由余裕 FF_{ij} が正の場合，**図 2.14** のように，P の開始を FF_{ij} だけ遅らせても，後続作業 Q，R の開始時刻に影響しない。

一方，P の全余裕 TF_{ij} が正の場合，**図 2.15** のように，P の開始を TF_{ij} だけ遅らせると，後続作業 Q，R の開始時刻は遅れるが，P は最遅終了時刻 LF_{ij} ま

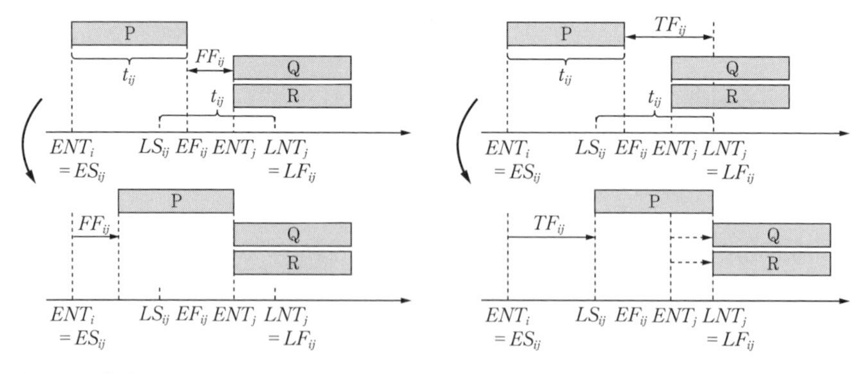

図 2.14　作業 P の開始を FF_{ij} だけ遅らせた場合

図 2.15　作業 P の開始を TF_{ij} だけ遅らせた場合

でには終わるので，プロジェクト全体の終了時刻は変わらない。

全余裕が0に等しい，つまり作業の開始が少しでも遅れるとプロジェクト全体の終了が遅れるような，重要な作業の集まりを**クリティカルパス**という。冒頭に述べたように，クリティカルパスに含まれる作業に経営資源（おもにヒト，モノ，カネ）を集中して投入することで，工期延長や品質低下を防止したり，場合によっては工期短縮につなげることもできる。

【例題 2.4】 例題 2.1〜2.3 で考察してきたプロジェクト（カレーパーティの準備）における各作業の余裕時間を調べるとともに，クリティカルパスを見つけなさい。

（**解答**） 例題 2.3 で作成した数表を**表 2.5** のように拡張しよう。なお，一番右の列（CP）は「クリティカルパス」を表し，クリティカルパスに含まれる作業に○をつけることにする。

表 2.5 余裕時間とクリティカルパスの計算表（初期状態）

作業	始点 i	終点 j	t_{ij}	ES_{ij} $(=ENT_i)$	EF_{ij}	LS_{ij}	LF_{ij} $(=LNT_j)$	ENT_j	FF_{ij}	TF_{ij}	CP
A	1	2	30	0	30	0	30				
B	2	3	5	30	35	35	40				
C	2	4	20	30	50	30	50				
D	3	5	40	35	75	40	80				
E	4	5	30	50	80	50	80				
F	5	6	10	80	90	80	90				

読者は，以下のプロセスを追いながら表 2.5 の空欄を埋められたい。ENT_j の欄には，終点 j に対応する ENT を記入するので，図 2.11 より上から 30, 35, 50, 80, 80, 90 と埋まる。式 (2.5) より $FF_{ij}=ENT_j-EF_{ij}$，式 (2.6) より $TF_{ij}=LF_{ij}-EF_{ij}$ と計算し，$TF_{ij}=0$ となる作業の CP 欄に○をつければよい。その結果，数表は**表 2.6** のように埋まる。

この結果，クリティカルパスに含まれる作業はA，C，E，F（**図 2.16**の太い矢線）となる。

表 2.6　余裕時間とクリティカルパスの計算表（計算完了）

作業	始点 i	終点 j	t_{ij}	ES_{ij} $(=ENT_i)$	EF_{ij}	LS_{ij}	LF_{ij} $(=LNT_j)$	ENT_j	FF_{ij}	TF_{ij}	CP
A	1	2	30	0	30	0	30	30	0	0	○
B	2	3	5	30	35	35	40	35	0	5	
C	2	4	20	30	50	30	50	50	0	0	○
D	3	5	40	35	75	40	80	80	5	5	
E	4	5	30	50	80	50	80	80	0	0	○
F	5	6	10	80	90	80	90	90	0	0	○

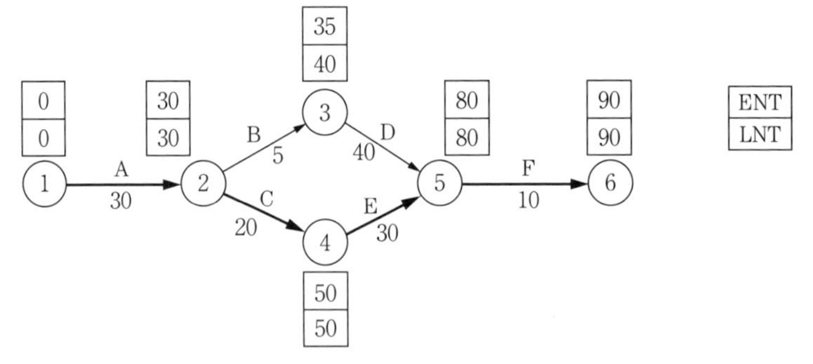

図 2.16　例題 2.4 で得られたクリティカルパス（太い矢線）

□

最後に，余裕時間について検討しておこう。クリティカルパスに含まれなかった作業B，Dには余裕時間がある。このうち，Bには自由余裕はないが全余裕が5分ある。実際，Bの開始を5分遅らせて35分後にすると，Dの開始は5分遅れて40分後となるが，それでもDはノード5の最遅結合点時刻80分後に終わるので，プロジェクト全体の遅延は発生しない。また，Dには自由余裕が5分ある。実際，Dの開始を5分遅らせて40分後としても，後続作業Fに遅れは発生しない。

演 習 課 題

【課題 2.1】 3人の大学教授O，K，Aは，文系学生のための教科書『基礎から学ぶ応用数学』の執筆を計画している。章の中には，別の章の内容を確認してから執筆しないといけないものもある。各章の内容，担当者，予定執筆日数，先行執筆すべき章は，**表 2.7** のとおりである。この表に対応するアローダイヤグラムを描きなさい。

表 2.7　課題 2.1 の作業リスト

章	担当者	所要執筆日数	先行執筆すべき章
A（関数とグラフ）	O 教授	5	なし
B（方程式の計算）	A 教授	3	なし
C（確率・統計）	O 教授	7	A
D（連立一次方程式）	A 教授	4	A，B
E（行列）	K 教授	9	D
F（線形計画法）	A 教授	10	D
G（多変量解析）	K 教授	8	C，E

【課題 2.2】 **図 2.17** のアローダイヤグラムに対する各ノードの最早結合点時刻 ENT と最遅結合点時刻 LNT を計算しなさい。ただし，作業（2，3）は所要時

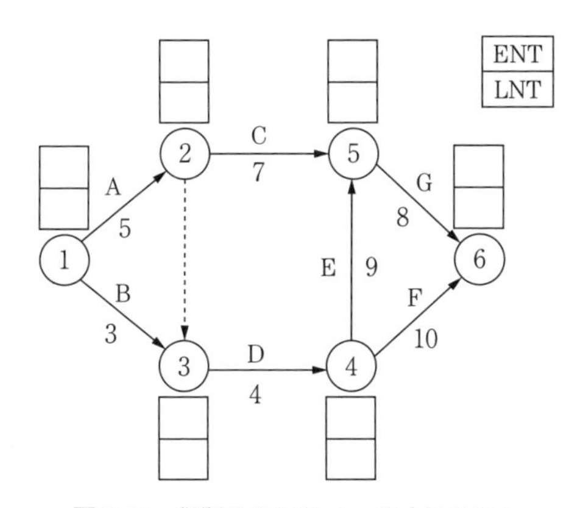

図 2.17　課題 2.2 のアローダイヤグラム

間0のダミー作業である。

【課題 2.3】 **図 2.18** のアローダイヤグラムに対する各ノードの最早結合点時刻 ENT と最遅結合点時刻 LNT を計算しなさい。

また，得られた ENT と LNT から，**表 2.8** を完成させ，各作業の自由余裕 FF と全余裕 TF，およびクリティカルパス CP を求めなさい。

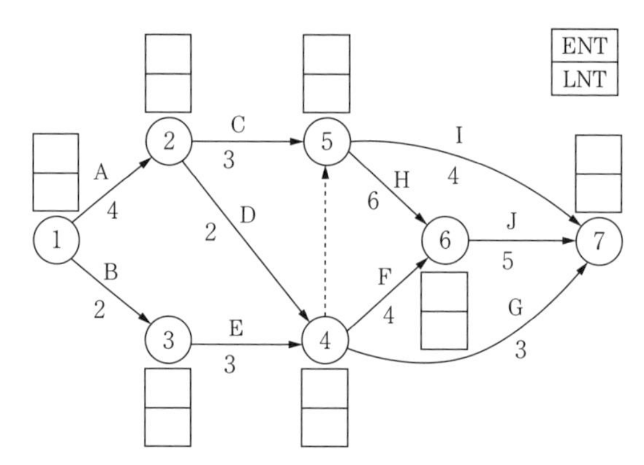

図 2.18　課題 2.3 のアローダイヤグラム
（問題出典：田畑[2]，一部改変）

表 2.8　課題 2.3 の各種時刻，余裕時間，クリティカルパスの計算表

作業	始点 i	終点 j	t_{ij}	ES_{ij} $(=ENT_i)$	EF_{ij}	LS_{ij}	LF_{ij} $(=LNT_j)$	ENT_j	FF_{ij}	TF_{ij}	CP
A	1	2	4								
B	1	3	2								
C	2	5	3								
D	2	4	2								
E	3	4	3								
F	4	6	4								
G	4	7	3								
H	5	6	6								
I	5	7	4								
J	6	7	5								

補　　足

ここで，各ノードのENTとLNTを求める表現（※），（☆）を定式化してみよう。ノード総数をn（例題2.2では$n=6$）とし，**図2.19**（a）のように始点がi，終点がjの作業の所要時間をt_{ij}とおく。

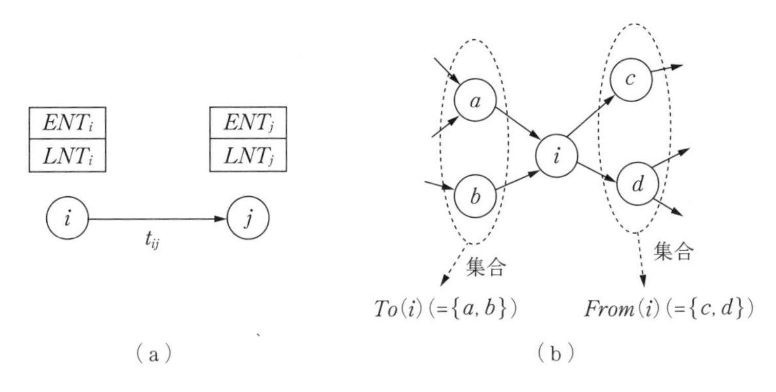

図2.19　ENTとLNTを定式化するための準備

また，図2.19（b）のように，ノードiに入ってくる矢線（作業）の始点の集合を$To(i)$，ノードiから出ていく矢線の終点の集合を$From(i)$と表すことにする。このとき，ENTの計算方法（※）は次のように定式化できる。

$$ENT_j=\begin{cases}0 & (j=1)\\ \max\limits_{i\in To(j)}\{ENT_i+t_{ij}\} & (j=2,\ 3,\ \cdots,\ n)\end{cases} \tag{2.7}$$

同様に，LNTの計算方法（☆）は次のように定式化できる。

$$LNT_i=\begin{cases}ENT_n & (i=n)\\ \min\limits_{j\in From(i)}\{LNT_j-t_{ij}\} & (i=n-1,\ n-2,\ \cdots,\ 2,\ 1)\end{cases} \tag{2.8}$$

この定式化を用いると，例題2.2は次の別解のように，かなり機械的な計算で，解を芋づる式に求めることができる。

（別解）　図2.9のようなアローダイヤグラムと，ENTとLNTの空欄を用意することは変わらない。$n=6$であることに注意する。

（ENT_1 の計算）　式 (2.7) より，ただちに $ENT_1=0$ が得られる。

（ENT_2 の計算）　$To(2)=\{1\}$，$t_{12}=30$ より，以下が得られる。

$$ENT_2=\max_{i\in To(2)}\{ENT_i+t_{i2}\}=\max\{ENT_1+t_{12}\}=\max\{0+30\}=30$$

なお，$\max\{\cdots\}$ は中括弧 $\{\quad\}$ 内の要素の最大値を表すが，要素が 1 つだけの場合はその要素が最大値である。

（ENT_3 の計算）　$To(3)=\{2\}$，$t_{23}=5$ より，以下が得られる。

$$ENT_3=\max_{i\in To(3)}\{ENT_i+t_{i3}\}=\max\{ENT_2+t_{23}\}=\max\{30+5\}=35$$

（ENT_4 の計算）　$To(4)=\{2\}$，$t_{24}=20$ より，以下が得られる。

$$ENT_4=\max_{i\in To(4)}\{ENT_i+t_{i4}\}=\max\{ENT_2+t_{24}\}=\max\{30+20\}=50$$

（ENT_5 の計算）　$To(5)=\{3,4\}$，$t_{35}=40$，$t_{45}=30$ より，以下が得られる。

$$ENT_5=\max_{i\in To(5)}\{ENT_i+t_{i5}\}=\max\{ENT_3+t_{35}, ENT_4+t_{45}\}$$

$$=\max\{35+40, 50+30\}=80$$

（ENT_6 の計算）　$To(6)=\{5\}$，$t_{56}=10$ より，以下が得られる。

$$ENT_6=\max_{i\in To(6)}\{ENT_i+t_{i6}\}=\max\{ENT_5+t_{56}\}=\max\{80+10\}=90$$

（LNT_6 の計算）　式 (2.8) より，ただちに $LNT_6=ENT_6=90$ が得られる。

（LNT_5 の計算）　$From(5)=\{6\}$，$t_{56}=10$ より，以下が得られる。

$$LNT_5=\min_{j\in From(5)}\{LNT_j-t_{5j}\}=\min\{LNT_6-t_{56}\}=\min\{90-10\}=80$$

なお，$\min\{\cdots\}$ は中括弧 $\{\quad\}$ 内の要素の最小値を表すが，要素が 1 つだけの場合はその要素が最小値である。

（LNT_4 の計算）　$From(4)=\{5\}$，$t_{45}=30$ より，以下が得られる。

$$LNT_4=\min_{j\in From(4)}\{LNT_j-t_{4j}\}=\min\{LNT_5-t_{45}\}=\min\{80-30\}=50$$

（LNT_3 の計算）　$From(3)=\{5\}$，$t_{35}=40$ より，以下が得られる。

$$LNT_3=\min_{j\in From(3)}\{LNT_j-t_{3j}\}=\min\{LNT_5-t_{35}\}=\min\{80-40\}=40$$

（LNT_2 の計算）　$From(2)=\{3,4\}$，$t_{23}=5$，$t_{24}=20$ より，以下が得られる。

$$LNT_2=\min_{j\in From(2)}\{LNT_j-t_{2j}\}=\min\{LNT_3-t_{23}, LNT_4-t_{24}\}$$

$$= \min\{40-5, 50-20\} = 30$$

（LNT_1 の計算）　$From(1) = \{2\}$，$t_{12} = 30$ より，以下が得られる。

$$LNT_1 = \min_{j \in From(1)}\{LNT_j - t_{1j}\} = \min\{LNT_2 - t_{12}\} = \min\{30-30\} = 0$$

以上により，図 2.11 とまったく同じ結果が得られる。 □

さらに勉強するために

日程計画は，多くの OR に関する教科書（例えば文献 2）など）で取り上げられている。本書では，作業リストからアローダイヤグラムを作成する方法について，あまり踏み込まなかったが，文献 4）に例題によるわかりやすい解説がある。また文献 1）には，ENT と LNT を Excel のワークシートで巧妙に計算する方法が紹介されている。さらに，工期短縮を，その費用を勘案しながら行うための手法として CPM（critical path method）が知られている。CPM については，例えば文献 3）を参照されたい。

参考文献

1）　多田実，平川理絵子，大西正和，長坂悦敬：Excel で学ぶ経営科学，オーム社（2003）
2）　田畑吉雄：経営科学入門，牧野書店（2000）
3）　増井忠幸，百合本茂，片山直登：ロジスティクスの OR，槇書店（1998）
4）　宮川公男：経営情報入門，実教出版（1999）

解答例のダウンロードについて
http://www.coronasha.co.jp/np/isbn/9784339028744/
（本書の書籍ページ。コロナ社の top ページから書名検索でもアクセスできる）
ダウンロードに必要なパスワードは「028744」。

線形計画法

「線形計画法」とは，ある特定の分野の特殊な問題を解くための方法ではなく，さまざまな分野で活用される汎用的な（使い道の広い）手法である。線形計画法は最適化問題を解くための一手法である。最適化問題としては，例えば，経営資源に限りがある中で，利益が最大になるような生産計画を立てる問題がある。あるいは，いくつかの供給地からいくつかの需要地に物品を輸送する場合，各需要地の需要量を満たしながら，総輸送費が最小になるような輸送計画を立てる問題がある。

まず，線形計画法の代表的な活用例として，製造・販売計画を取り上げ，そこで線形計画法の概要を説明する。次に，もう1つの活用例として輸送問題について考える。いずれの問題も，変数が2個しかない（あるいは変数を2個になるまで消去できる）ケースを考える。その場合，線形計画法は紙と鉛筆と定規があれば実行できる。変数が3個以上の場合，線形計画法は「単体法（シンプレックス法）」かコンピュータのソフトウェアで解く必要がある。単体法は万能な手法だが，数学的にやや難解なので，詳細は他書に譲る。ソフトウェアによる解法として，本書の付録でExcelソルバーによる解法を紹介するので，参考にしてほしい。

3.1　製造・販売計画

まず，経営資源（おもにヒト，モノ，カネ）に限りがある中で，利益が最大になるように，複数種類の製品それぞれの製造・販売量を決定する問題について考える。この問題は，簿記検定などでは「最適セールスミックスの決定」と呼ばれている。

【例題 3.1】 食肉加工会社「角大食品」では，高級ハンバーグと特製ミートボールを製造している。どちらも牛肉と豚肉を原料に使用していて，1日に使用可能な量は牛肉が 100 kg，豚肉が 240 kg である。2製品の1ロット当りの牛肉・豚肉の使用量と利益〔万円〕は**表 3.1** のとおりである。

表 3.1 各製品の原料使用量と利益

製品	ハンバーグ	ミートボール
牛肉〔kg/ロット〕	2	1
豚肉〔kg/ロット〕	3	6
利益〔万円/ロット〕	2	3

製造した製品は日々必ず売れると仮定したとき，利益を最大にするには，ハンバーグとミートボールを日々何ロットずつ製造すればよいか。

（解説） この問題の定式化を通じて，「線形計画法」の概要を説明しよう。ハンバーグを x ロット，ミートボールを y ロット製造するとする。総利益を z 万円とすれば，$z=2x+3y$ である。この z を最大化したい。最大化（コストの場合は最小化）したい関数を**目的関数**という。しかし，資源（牛肉と豚肉）には上限がある。牛肉は1日当り $2x+y$〔kg〕必要だが，それは 100 kg を超えてはならない。豚肉は1日当り $3x+6y$〔kg〕必要だが，それは 240 kg を超えてはならない。さらに，x と y に負の値はありえない。こうした条件を**制約条件**という。以上をまとめると，制約条件

$$2x+y\leqq 100 \tag{3.1}$$

$$3x+6y\leqq 240 \tag{3.2}$$

$$x\geqq 0 \tag{3.3}$$

$$y\geqq 0 \tag{3.4}$$

のもとで，目的関数

$$z=2x+3y \tag{3.5}$$

を最大にするような x, y の値を求めることが，この問題の目的である。なお，制約条件（3.3），（3.4）を特に**非負制約**という。この定式化で目的関数（3.5）の右辺や（非負制約を除く）制約条件（3.1），（3.2）の左辺はすべて「定数×変数」の合計で表されている。このような問題を**線形計画問題**といい，それを解くための方法論を**線形計画法**という。

（解答）　このような2変数だけからなる線形計画問題は，グラフを描いて解くことができる。まず，各制約条件に対応する領域を考える。制約条件（3.1）は変形すると $y \leqq -2x+100$ となり，**図3.1**（a）のように直線 $y=-2x+100$ とその下の領域が対応する。制約条件（3.2）は変形すると $y \leqq -\frac{1}{2}x+40$ となり，図（b）のように直線 $y=-\frac{1}{2}x+40$ とその下の領域が対応する。非負制約（3.3）は，図（c）のように y 軸全体とその右側の領域が，非負制約（3.4）は，図（d）のように x 軸全体とその上の領域がそれぞれ対応する。

この問題の解は，すべての制約条件（3.1）～（3.4）を満たさないといけない

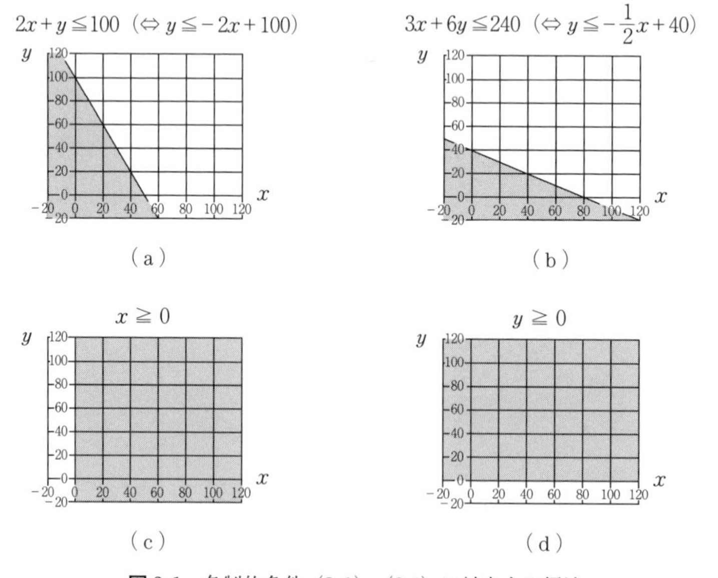

図3.1　各制約条件（3.1）～（3.4）に対応する領域

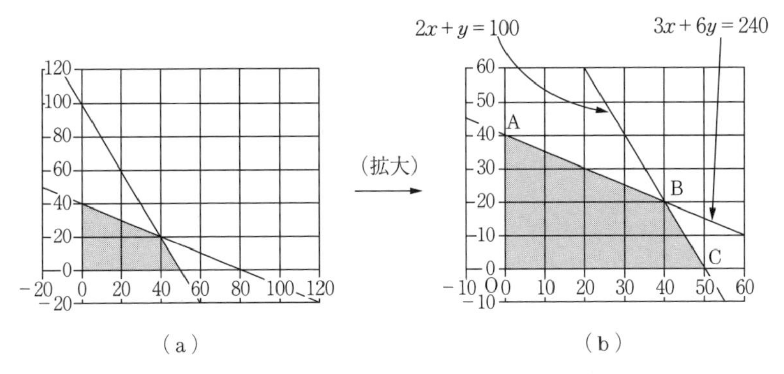

図 3.2 例題 3.1 の実行可能領域

ので，4 つの領域の共通部分（**図 3.2**（a））で解を探すことになる。

図 3.2（a）を拡大した図（b）において，四角形 OABC の境界とその内部が，制約条件（3.1）～（3.4）を満たす点 (x, y) の集まりであり，**実行可能領域**という。また，実行可能領域内の各点を**実行可能解**という。

次に，目的関数を最大にする実行可能解を探すことにする。そのために，目的関数を $y=-\dfrac{2}{3}x+\dfrac{z}{3}$ と変形して，切片 $\dfrac{z}{3}$ の値をいろいろ変えて，図 3.2（b）の四角形 OABC に重ね書きしてみよう。まず，**図 3.3** の直線①は，$\dfrac{z}{3}=10$（つまり $z=30$）に対する目的関数の直線である。実行可能領域内にある直線①上の点は，「すべての制約条件を満たし，かつ利益が 30 万円となる点」となる。次に，直線②は，$\dfrac{z}{3}=20$（つまり $z=60$）に対する目的関数の直線である。実行可能領域内にある直線②上の点は，「すべての制約条件を満たし，かつ利益が 60 万円となる点」となる。

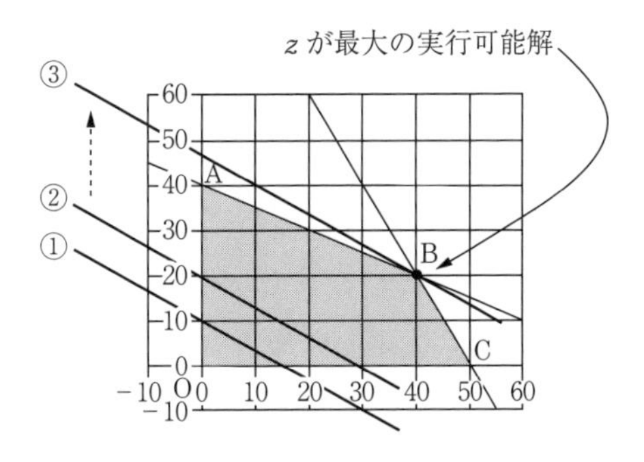

図 3.3 目的関数を最大にする実行可能解の探索

要するに，切片 $\dfrac{z}{3}$ が大きいほど目的関数 z の値は大きくなるが，その直線は実行可能領域のどこかに引っかかっていないといけない。そう考えると，図3.3の点Bを通る直線③が，切片の値はこれ以上大きくできないという限界の直線となる。つまり，この点Bこそ，目的関数zを最大にする実行可能解である。点Bは，図3.2（b）より2直線$2x+y=100$，$3x+6y=240$の交点だから，これらを連立一次方程式として解けば，$x=40$，$y=20$が得られる。これらを目的関数（3.5）に代入して，$z=2\times40+3\times20=140$が得られる。つまり，ハンバーグを40ロット，ミートボールを20ロット製造したとき，利益は140万円で最大になる。　□

一般に，最大化（または最小化）問題において，目的関数を最大（または最小）にするような実行可能解(x, y)を，その問題の**最適解**という。例題3.1では，$(x, y)=(40, 20)$が最適解である。なお，こうして得られる解はあくまでも理論解であり，それが実用解であるかつねに検討すべきである（A1.3節参照）。例題3.1の最適解は，x, yともに整数値が得られており，出荷単位（例えば「12ロットずつ」など）の指定もないので，実用解が得られたとみてよいであろう。

3.2 輸送問題

ある物を複数の供給地から複数の需要地に送りたい。その際，ルートによって輸送費が異なると仮定する。輸送問題は，総輸送費を最小にするように各ルートの輸送量を決めることが目的である。

輸送問題は，線形計画問題として定式化できるので，単体法やExcelソルバーで解けるし，次の例題3.2のようにグラフによる解法で解ける場合もある。また，「飛び石法」という独特の方法もあるが，その詳細は他書に譲る。

【例題3.2】　大手食肉加工会社「紀藤ハム」では，人気商品「ボンフルハム」を2つの工場A，Bから3つの小売店C，D，Eに仕入れている。輸送ルートは**図3.4**のように6通りある。

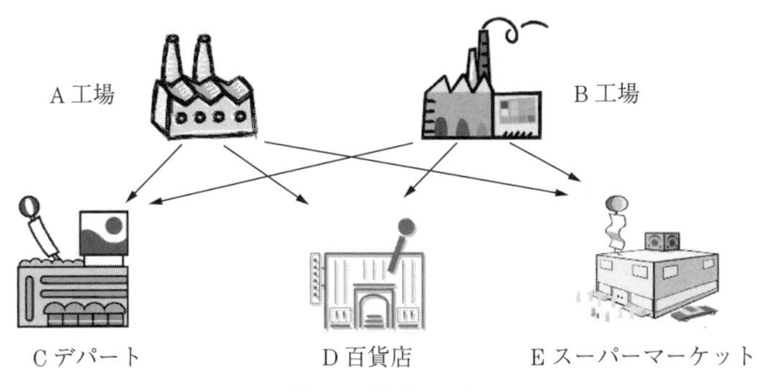

図 3.4　輸送ルート

1 日で商品を納入できる量は，A からは 15 t，B からは 10 t である。一方，1 日当りの商品の需要量は，C では 10 t，D では 8 t，E では 7 t である（よって需給は計 25 t で一致している）。また，各ルートごとの 1 t 当りの輸送費は**表 3.2** のとおりである。

表 3.2　各ルートごとの 1 t 当りの輸送費

輸送費〔万円/t〕	C デパートへ	D 百貨店へ	E スーパーへ
A 工場から	1	2	5
B 工場から	4	3	2

3 つの小売店の需要を満たし，かつ 1 日当りの総輸送費を最小にするような，各ルートの輸送量を求めなさい。

（**解説**）　まず定式化を行う。6 つの各輸送ルートに対する 1 日当りの輸送量を，**表 3.3** のようにおく。

1 日当りの総輸送費を p〔万円〕とおけば，p は A から C への輸送費 $1 \cdot u$

表 3.3　各ルートごとの 1 日当りの輸送量

輸送量〔t〕	C デパートへ	D 百貨店へ	E スーパーへ	総供給量〔t〕
A 工場から	u	v	w	15
B 工場から	x	y	z	10
総需要量〔t〕	10	8	7	（計）25

〔万円〕，AからDへの輸送費 $2v$〔万円〕，……そしてBからEへの輸送費 $2z$〔万円〕の合計である。つまり，$p=u+2v+5w+4x+3y+2z$〔万円〕である。この額を最小にしたい。ただし，A工場から小売店C，D，Eに対してそれぞれ u, v, w〔t〕ずつ供給し，その合計が15tにならないといけない。つまり，$u+v+w=15$ を満たす必要がある。同様に，B工場に関して $x+y+z=10$ を満たす必要がある。また，CデパートはA工場とB工場からそれぞれ u, x〔t〕ずつ，合計10tを仕入れないといけない。つまり，$u+x=10$ を満たす必要がある。同様に，D百貨店に関しては $v+y=8$ を，Eスーパーに関しては $w+z=7$ をそれぞれ満たす必要がある。当然，u, v, w, x, y, z はいずれも0以上の値をとる。以上をまとめると，制約条件

$$u+v+w=15 \tag{3.6}$$

$$x+y+z=10 \tag{3.7}$$

$$u+x=10 \tag{3.8}$$

$$v+y=8 \tag{3.9}$$

$$w+z=7 \tag{3.10}$$

$$u, v, w, x, y, z \text{ はすべて非負} \tag{3.11}$$

のもとで，目的関数

$$p=u+2v+5w+4x+3y+2z \tag{3.12}$$

を最小にするような u, v, w, x, y, z の値を求めることが，この問題の目的である。

（**解答**）　例題3.2には6つの変数が登場するので，例題3.1のようなグラフによる解法が使えないようにみえる。しかし，この問題に限っては大変幸運なことに，2変数の線形計画問題に変形できる。

まず，非負制約を除く制約条件式を減らしてみよう。式(3.6)，(3.7)の両辺をそれぞれ加えると

$$u+v+w+x+y+z=25 \tag{3.13}$$

が得られ，式(3.8)，(3.9)の両辺をそれぞれ加えると

$$u+v+x+y=18 \tag{3.14}$$

が得られる。さらに式 (3.13) の両辺から式 (3.14) の両辺を引くと，$w+z=7$，つまり式 (3.10) と同じ式が得られる。このことは，式 (3.6)～(3.9) を満たす u, v, w, x, y, z は自動的に式 (3.10) も満たす，言い換えれば，式 (3.10) は制約条件として不要であることを意味する。よって，式 (3.10) は無視して考えることができる（実際には，式 (3.6)～(3.10) の中でどの式を削除してもよい）。

次に，2つの変数 x, y だけを残して，それ以外の変数 u, v, w, z を消去してみよう。まず，式 (3.7) より

$$z=10-x-y \tag{3.15}$$

が得られ，$z \geqq 0$ も考慮すれば $x+y \leqq 10$ が得られる。次に，式 (3.8) より

$$u=10-x \tag{3.16}$$

が得られ，$u \geqq 0$ と $x \geqq 0$ を考慮すれば $0 \leqq x \leqq 10$ がわかる。また，式 (3.9) より

$$v=8-y \tag{3.17}$$

が得られ，$v \geqq 0$ と $y \geqq 0$ を考慮すれば $0 \leqq y \leqq 8$ がわかる。さらに，式 (3.6)，(3.16)，(3.17) から

$$w=15-u-v=15-(10-x)-(8-y)=x+y-3 \tag{3.18}$$

が得られ，$w \geqq 0$ を考慮すれば $x+y \geqq 3$ が得られる。最後に，式 (3.12) に式 (3.15)～(3.18) を代入して

$$\begin{aligned} p &= (10-x)+2(8-y)+5(x+y-3)+4x+3y+2(10-x-y) \\ &= 6x+4y+31 \end{aligned}$$

となる。以上をまとめると，例題 3.2 は制約条件

$$x+y \geqq 3 \tag{3.19}$$

$$x+y \leqq 10 \tag{3.20}$$

$$0 \leqq x \leqq 10 \tag{3.21}$$

$$0 \leqq y \leqq 8 \tag{3.22}$$

のもとで，目的関数

$$p=6x+4y+31 \tag{3.23}$$

を最小にするような x, y を求める問題に変形できる。

制約条件（3.19）～（3.22）をすべて満たす (x, y) の領域，すなわち実行可能領域は，**図 3.5** の五角形 ABCDE の境界とその内部である。

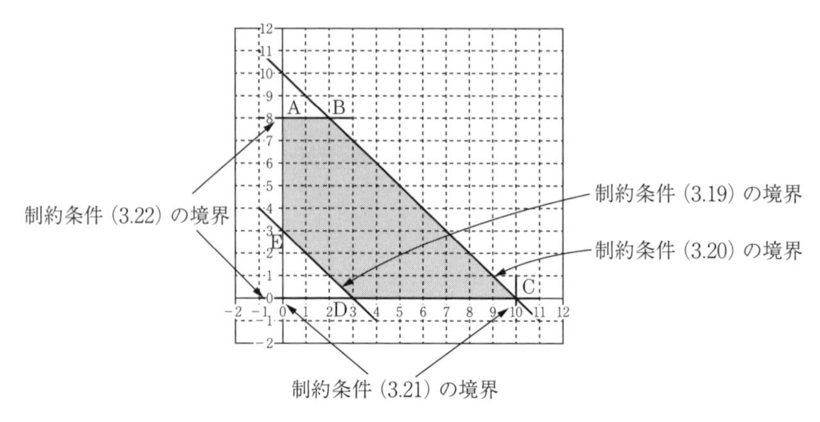

図 3.5　例題 3.2 の実行可能領域

この実行可能領域の中で，目的関数（3.23）を最小にする実行可能解を探すことにする。そのために，目的関数を $y=-\dfrac{3}{2}x+\dfrac{p-31}{4}$ と変形して，切片 $\dfrac{p-31}{4}$ の値をいろいろ変えて，図 3.5 の五角形 ABCDE に重ね書きしてみよう。まず，**図 3.6** の直線①は，$\dfrac{p-31}{4}=9$（つまり $p=67$）に対する目的関数の直線である。実行可能領域内にある直線①上の点は，「すべての制約条件を満たし，かつ総輸送費が 67 万円となる点」となる。次に，直線②は，$\dfrac{p-31}{4}=6$（つまり $p=55$）に対する目的関数の直線である。実行可能領域内にある直線②上の点は，「すべての制約条件を満たし，かつ総輸送費が 55 万

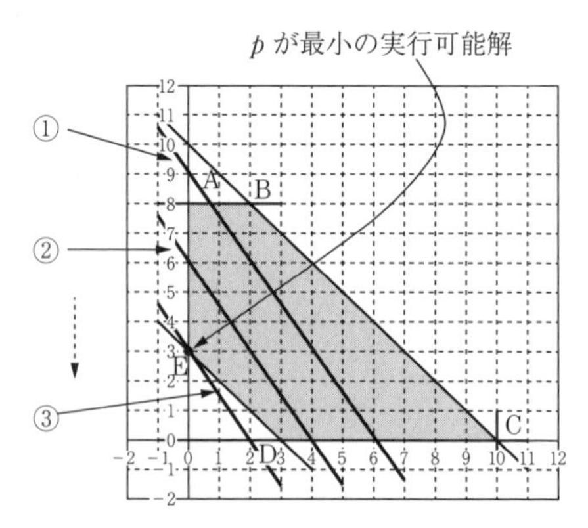

図 3.6　目的関数を最小にする実行可能解の探索

円となる点」となる。

要するに，切片 $\dfrac{p-31}{4}$ が小さいほど目的関数 p の値は小さくなるが，その直線は実行可能領域のどこかに引っかかっていないといけない。そう考えると，図 3.6 の点 E を通る直線③が，切片の値はこれ以上小さくできないという限界の直線となる。つまり，この点 E こそ，目的関数 p を最小にする実行可能解である。点 E は，制約条件（3.19）の境界線 $x+y=3$ と y 軸（つまり $x=0$）の交点だから，ただちに $x=0$，$y=3$ が得られる。これらを目的関数（3.23）に代入して，$p=6\times0+4\times3+31=43$ が得られる。なお，元の問題における他の変数の値は，式（3.15）～（3.18）を用いて，それぞれ $z=10-0-3=7$，$u=10-0=10$，$v=8-3=5$，$w=0+3-3=0$ と計算できる。つまり，各ルートごとの 1 日当りの輸送量〔単位：t〕を**図 3.7** のようにすれば，1 日当りの総輸送費は 43 万円で最小になる。

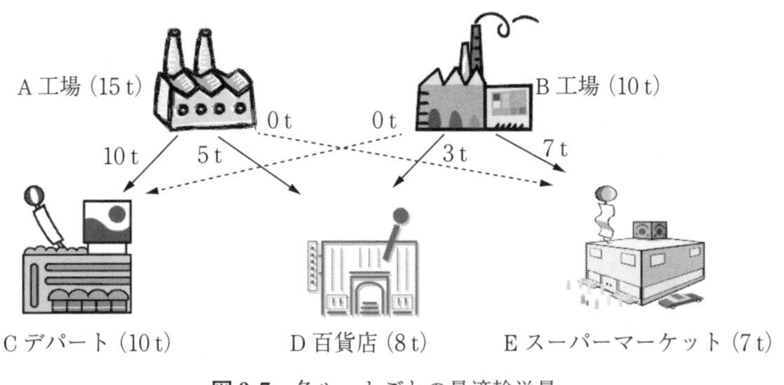

図 3.7　各ルートごとの最適輸送量

□

例題 3.2 の最適解は，u, v, w, x, y, z の値がいずれも整数であり，出荷単位（例えば「2 t ずつ」など）の指定もないので，実用解が得られたとみてよいであろう。

一般に，供給地の数を m，需要地の数を n とするとき，輸送問題は mn 個の変数の問題から，$(m-1)(n-1)$ 個の変数の問題に書き換えることができる。例題 3.2 では，$m=2$，$n=3$ だったので，$2\times3=6$ 変数の問題から，

$(2-1)\times(3-1)=2$ 変数の問題に書き換えることができた。だから，上記のようなグラフによる解法が使えたのである。$(m-1)(n-1)\geqq 3$ の場合は，単体法，Excel ソルバー，飛び石法などを用いて解く必要がある。

演 習 課 題

【課題 3.1】 ある会社で 2 種類の製品 A，B を製造・販売している。製品 1 個当りのデータは**表 3.4** のとおりである。

この会社では，固定加工費は年間 11 900 000 円である。製品 A，B は共通の機械により生産され，1 個当りの機械稼働時間は製品 A が 0.2 時間，製品 B が 0.4 時間である。なお，年間機械稼働時間は 9 000 時間である。

表 3.4 各製品の 1 個当りのデータ

	製品 A	製品 B
販売価格	1 500 円	2 000 円
変動製造原価	600 円	1 200 円
貢献利益	900 円	800 円

また，製品 A，B は共通の材料により生産され，1 個当りの材料消費量は製品 A が 2.5 kg，製品 B が 2 kg である。なお，年間材料調達量は 60 000 kg である。さらに，市場の需要量の上限は，製品 A，B ともに 20 000 個である。この会社の営業利益を最大にする製品 A，B の年間販売量およびそのときの営業利益を求めなさい。

(問題出典：倉地 [1]，一部改変)

（**ヒント**） 貢献利益（＝固定費＋営業利益）の最大化を考えればよい。

【課題 3.2】 例題 3.2 において，B 工場から E スーパーへの 1 t 当りの輸送費が，当初の 2 万円から 8 万円に急騰した。工場 A，B からの供給可能量と小売店 C，D，E の需要量に変化はない。総輸送費が最小になるような，各ルートの輸送量を計算し直しなさい。なお，輸送量は整数値をとるものとする。

（**ヒント**） 例題 3.2 と同様に，2 変数 x, y の線形計画問題に書き換えて考える。工場からの供給量と小売店の需要量に変更はないことから，実行可能領域は図 3.5 のまま変わらない。目的関数は次のように変更される（二重下線部に注意)。

$$p=(10-x)+2(8-y)+5(x+y-3)+4x+3y+\underline{\underline{8}}(10-x-y)$$
$$=-2y+91$$

よって，直線 $y=\dfrac{91-p}{2}$（これは傾き0の x 軸と平行な直線）を図3.5の上に重ね書きすればよい。ただし，p を最小にするには切片 $\dfrac{91-p}{2}$ を最大にする必要がある。なお，理論解は無数に存在する。

さらに勉強するために

線形計画法は，ORの教科書では主役級ともいうべきテーマである。本書で省略した単体法（シンプレックス法）については，文献2)，4）などを参照されたい。なお，文献2）は飛び石法にも触れており，本格的な教科書なのだが，数学的に厳密で，初学者には難解かもしれない。文献4）でウォーミングアップしてから，文献2）に進んだほうがよいだろう（本書の例題3.1は文献4）の例題を参考にしている）。また，ORの内容は意外にも簿記検定で頻繁に取り上げられている。検定対策用の教科書（文献1）など）をみれば，線形計画法の会計分野での活用法を知ることができる。Excelによる線形計画法の実行については，例えば文献3）が詳しい。

参考文献

1）倉地裕行：サクッとうかる日商1級工業簿記・原価計算3　テキスト，ネットスクール（2010）
2）今野浩：線形計画法，日科技連（1987）
3）藤田勝康：ExcelによるOR演習，日科技連（2002）
4）宮川公男：経営情報入門，実教出版（1999）

不確実性と OR

実際のビジネスでは，さまざまな不確実性がある中で意思決定を下さなければならない。多様な結果が予想される事柄については，できるだけ過去のデータを多く集めて，整理し，その傾向をつかむことで，対策が立てやすくなる。また，不確実性を「確率」という尺度で測ることができれば，例えば確率的にはめったに起きないことが起こったとき，それを危険なシグナルと捉え，早目に対処することが可能になる。

4.1 データの整理

解決したい問題に関して何らかのデータを収集し，それを整理することを「記述統計」という。ここでは，OR で必要とされる最低限の記述統計の手法を取り上げる。なお，ここで取り上げることは，次節で述べる「確率」の導入にもなる。

データを整理する方法は，その目的や手段によっていくつかに分類できる。目的として考えられるのは

・(1 つの変数に注目する場合) データの分布，つまりばらつき方の把握

・(2 つ以上の変数に注目する場合) 変数間の相互関係の把握

などである。一方，手段として考えられるのは

・データの可視化 (おもにグラフで表すこと)

・データの要約 (データ全体の特徴を表すいくつかの尺度を計算すること)

などである。

まずは，1つの変数に関するデータが得られている場合について，品質管理の例題で考えてみよう。

【例題 4.1】 大正製菓では，内容量を100gと表示したスナック菓子を，社内規格100±2gで日々生産している。ある日，抜き打ちで製品を20個取り出し，その内容量を測ったら次のようなデータが得られた。

98.7	99.8	100.4	100.0	100.0	101.2	101.3	99.8	100.9	100.0
99.0	100.6	99.2	99.5	99.9	99.9	100.0	100.1	99.4	100.4

このデータの分布をグラフで表現しなさい。

（**解説**） この場合，「度数分布表」と呼ばれる表を作成し，それを元に「ヒストグラム」と呼ばれるグラフを作る。**度数分布表**とは，定義域（値のとりうる範囲）をいくつかの階級に分け，各階級に属するデータの数（**度数**）を表したものである。必要に応じて，**相対度数**（＝度数÷データ総数）や**密度**（＝相対度数÷階級幅）を計算することがある。通常は度数までの計算で十分だが，データ総数が異なる2グループの比較をしたい場合は相対度数まで，階級幅が一部異なる場合は密度まで求めるべきである。度数分布表を棒グラフ化したものが**ヒストグラム**である。ヒストグラムの横軸は変数（この例題では「内容量」），縦軸は通常は度数だが，必要に応じて相対度数または密度とする。ヒストグラムは棒と棒を密着させて描くのが慣例である。

（**解答**） まず，度数分布表を作成しよう。この例題では，最小値は98.7，最大値は101.3なので，定義域を98.5～101.5とすれば全データを含めることができる。しかし，社内規格の範囲で分布をみてみたいので，定義域を98.0～102.0，階級幅を0.5（よって階級数は8）で整理してみよう。なお，階級数は5～20程度が適当とされ，データ総数が多いほど階級幅を小さくして階級数を多くすることが望ましい。各階級を「下限値より大きく上限値以下」と捉えて整理すると，**表 4.1**のような度数分布表が得られる（読者は，表のチェック欄に「正」の字を書きながら各階級の度数を確かめられたい）。

表 4.1　例題 4.1 のデータに対する度数分布表

階　級	チェック欄	度　数	相対度数	密　度
98.0〜 98.5		0	0.00	0.00
98.5〜 99.0		2	0.10	0.20
99.0〜 99.5		3	0.15	0.30
99.5〜100.0		8	0.40	0.80
100.0〜100.5		3	0.15	0.30
100.5〜101.0		2	0.10	0.20
101.0〜101.5		2	0.10	0.20
101.5〜102.0		0	0.00	0.00
合　計		20	1.00	

この度数分布表を元に，縦軸を度数とするヒストグラムは，**図 4.1** のように描ける。このヒストグラムをみる限り，この工場ではおおむね表示値の 100 g を中心に，社内規格を余裕をもってクリアしながら生産しているようにみえる。　□

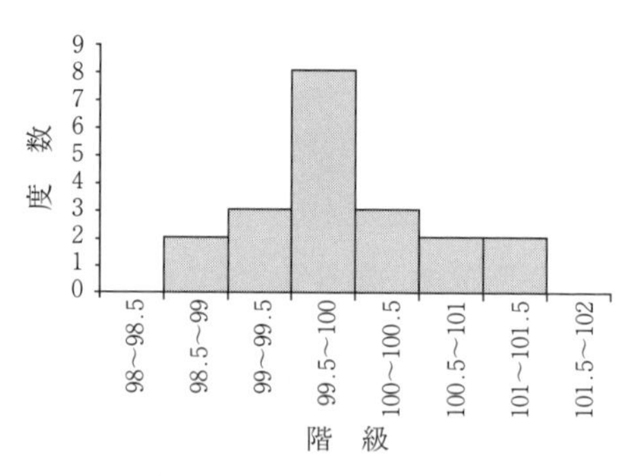

図 4.1　例題 4.1 のデータに対するヒストグラム

しかし，以上のことをもう少し客観的に確かめるには，次の例題のようにいくつかの要約値を求める必要がある。

【例題 4.2】　例題 4.1 の 20 個のデータから，以下のことを検討しなさい。

①　大正製菓の生産工程は，内容量がほぼ表示値通りの製品を作っているか？ それとも過小または過大な内容量の製品を作る傾向があるか？

②　内容量のばらつきは適正か？ それとも大きすぎるか？

（解説）　ここで，データを定式化して，2 つの重要な要約値を導入しよう。変数 X に対する n 個のデータを X_1, X_2, …, X_n と表す。データの中心的な位置

を表す代表的な尺度として**平均**がよく知られている（他にも「メディアン」や「モード」などがあるが，その説明は統計学の専門書に譲る）。変数 X の平均を m_X とすれば

$$m_X = \frac{1}{n}\sum_{i=1}^{n} X_i = (X_1 + X_2 + \cdots + X_n) \div n \tag{4.1}$$

と定義する。なお，m_X の代わりに $\overline{X}$ や μ_X と書き表す教科書もある。一方，ばらつきの大きさを表す代表的な尺度として**標準偏差**がある（他にも「四分位偏差」などがあるが，他書に譲る）。変数 X の標準偏差を S_X とすれば

$$\begin{aligned} S_X &= \sqrt{\frac{1}{n-1}\sum_{i=1}^{n} (X_i - m_X)^2} \\ &= \sqrt{\{(X_1 - m_X)^2 + (X_2 - m_X)^2 + \cdots + (X_n - m_X)^2\} \div (n-1)} \end{aligned} \tag{4.2}$$

と定義する。なお，S_X の代わりに σ_X と書き表す教科書もある。

（**解答**）　この例題の場合，「内容量」が変数 X に，データ総数 20 が n に，最初のデータ 98.7 が X_1 に，2 番目のデータ 99.8 が X_2 に，……最後のデータ 100.4 が $X_n (= X_{20})$ にそれぞれ対応する。

（**①について**）　内容量の平均 m_X が表示値 100 とほぼ一致しているか確かめればよい。式 (4.1) の右辺に例題のデータを代入すると

$$(98.7 + 99.8 + \cdots + 100.4) \div 20 = 100.005$$

つまり，内容量の平均は 100.005 g である。この値は表示値 100 とほぼ一致しているといえよう。

（**②について**）　データから内容量の標準偏差 S_X を計算しよう。この標準偏差は，表計算ソフト Excel では関数 STDEV を使って簡単に計算できるが，電卓で式 (4.2) の右辺を計算するのは容易ではない。しかし，ここで平均 m_X に近い切りのよい値を「仮平均」a として導入すれば，式 (4.2) 右辺の中括弧 { } 内は

$$\begin{aligned} &(X_1 - m_X)^2 + (X_2 - m_X)^2 + \cdots + (X_n - m_X)^2 \\ &= (X_1 - a)^2 + (X_2 - a)^2 + \cdots + (X_n - a)^2 - n(m_X - a)^2 \end{aligned} \tag{4.3}$$

と変形できることが知られている。ここで $a=100$ とおいて式 (4.3) の右辺を計算すると

$$(98.7-100)^2+(99.8-100)^2+\cdots+(100.4-100)^2-20\times(100.005-100)^2$$
$$=(-1.3)^2+(-0.2)^2+\cdots+0.4^2-20\times0.005^2=8.6695$$

と得られる（式 (4.2) の中括弧 {　} 内を直接計算するよりもはるかに楽である)。この値を $n-1$ で割って平方根をとればよいので

$$\sqrt{8.6695\div(20-1)}=0.67549\cdots$$

よって標準偏差は $S_X \fallingdotseq 0.6755$ と得られる。さて，この値は果たして大きいのか？ それとも小さいのか？ 品質管理の分野では，規格の上限値 U と下限値 L に対して，**工程能力指数**

$$C_p=\frac{U-L}{6S_X} \tag{4.4}$$

を計算し，次のような判定をする。

- $C_p \geqq 1.33$ ならば，生産工程は十分安定している（コスト削減策などを考えてよい)。
- $1 \leqq C_p < 1.33$ ならば，生産工程はまずまず安定している（現在の管理体制を維持)。
- $C_p < 1$ ならば，生産工程は不安定で，何らかの改善策が必要である。

この例題では，$U=102$，$L=98$ なので，$S_X \fallingdotseq 0.6755$ も用いて式 (4.4) の右辺を計算すると

$$(102-98)\div(6\times0.6755)=0.9869\cdots$$

よって工程能力指数は $C_p \fallingdotseq 0.987$ となり，生産工程は不安定と判断される。つまり，現状では内容量のばらつきは大きすぎるといわざるを得ない。　□

なお，2つの変数（例えば「身長」と「体重」，「英語の点数」と「数学の点数」など）についてばらつきの大きさを比較するとき，標準偏差による比較が適切でない場合がある。一般に

- 平均の値が2変数間で大きく異なる場合（例えば「身長」と「体重」)
- 変数の定義域が大きく異なる場合（例えば「50点満点の試験」と「100点

満点の試験」)

などにおいては，標準偏差を平均で割った**変動係数**で比較すべきである。

次に，2つ以上の変数に関するデータが得られている場合について，学業成績の例題で考えてみよう。

【例題 4.3】 某大学商学部では，1年次にほとんどの学生が「簿記入門」と「日本史」を受講する。5人の3年次生について，その2科目の期末試験の点数と，1，2年次の成績に基づくGPA（単位取得数に成績の優劣を加味した総合尺度，0以上4以下）について調べたところ，**表 4.2**のような結果が得られた。上記2科目とGPAの関係について検討しなさい。

表 4.2 5人の3年次生の成績データ

学生 No.	1	2	3	4	5
簿記入門	55	90	70	85	75
日本史	70	65	70	65	75
GPA	1.6	4.0	2.4	3.8	2.0

（解答） まず，簿記入門とGPAの関係を表す**散布図**を描こう。横軸を簿記入門，縦軸をGPAとし，1人目の結果を点（55，1.6），2人目の結果を点（90，4.0），…などとして5つの点を打つと，**図 4.2**（a）のようになる。

一方，日本史とGPAの関係についても同様に散布図で表すと，図4.2（b）のように得られる。この2つのグラフより，簿記入門の成績が高い人ほど

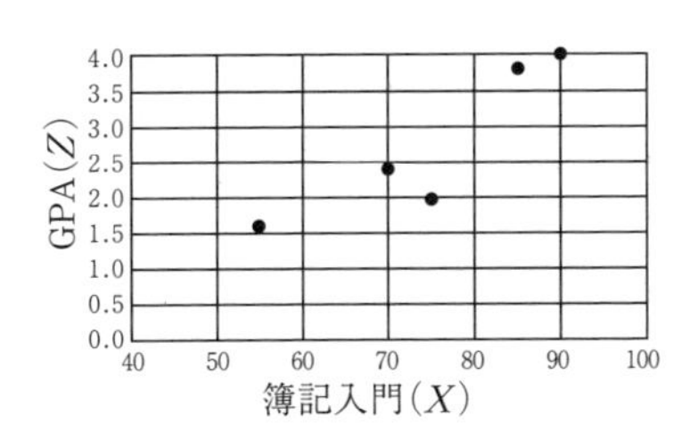

（a） 簿記入門とGPAの関係

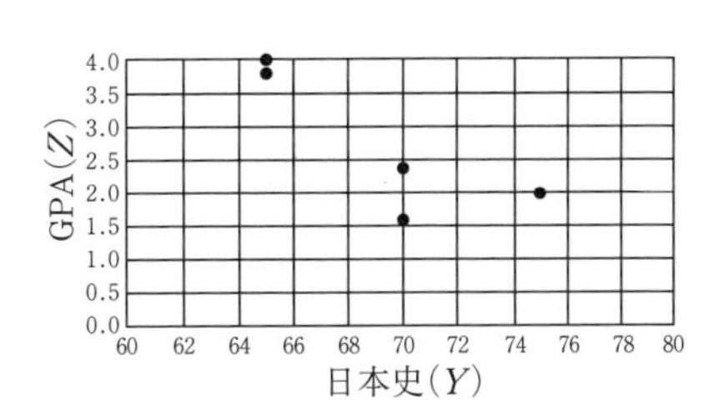

（b） 日本史とGPAの関係

図 4.2 科目の成績とGPAの関係を表す散布図

GPA が高く，逆に日本史の成績が高いほど GPA が低い傾向がある。ただし，日本史と GPA の関係は，簿記入門と GPA の関係ほど鮮明でないようにみえる。 □

一般に，2 つの変数について描いた散布図には**図 4.3** のようにいくつかのパターンがあり，それぞれ次のように解釈できる。

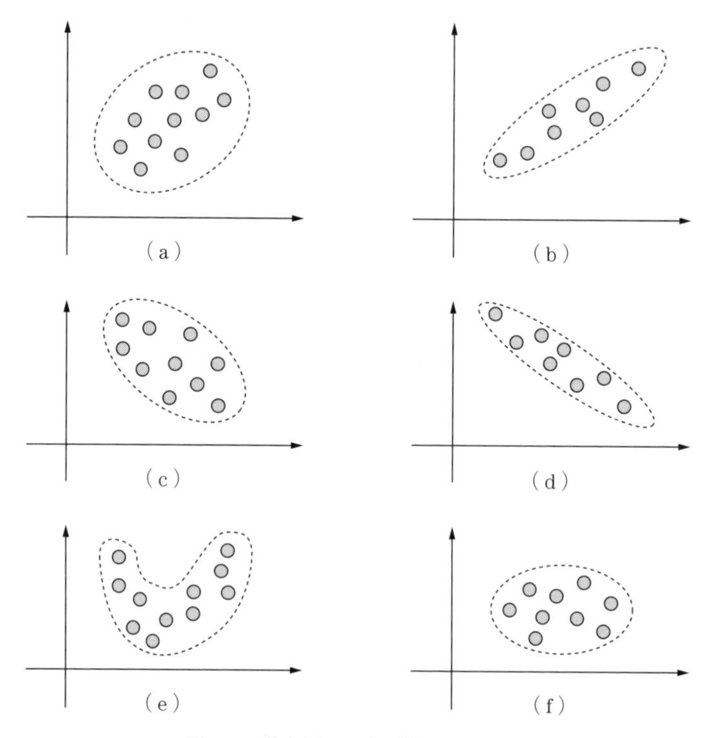

図 4.3　散布図のさまざまなパターン

図 4.3（a）のパターンは，点の集まりが右上がりの直線に沿って並んでいるようにみえる。これは，横軸の値が増えると縦軸の値も増える傾向にあることを意味する。このとき，2 変数間には**正の相関**があるという。次に，図（b）のパターンは，（a）と同様に右上がりの直線に並んでいるようにみえるが，その並び方が（a）よりも密である。これは，横軸の値が増えると縦軸の値は（a）に比べてより確実に増える傾向があるといえる。つまり，2 変数間の関

係は（a）に比べて強いと解釈でき，**強い正の相関**があるという。同様にして，図（c）のパターンは**負の相関**がある，図（d）のパターンは（c）に比べて**強い負の相関**があるという。図（e）のパターンは，（a）～（d）のような直線的な関係はみられないが，二次関数のような曲線に沿って並んでおり，明確な関連性がある。この場合は（正負に言及せず）単に**相関あり**と判断する。最後の図（f）のパターンは，横軸の値が増えたとき縦軸の値がどうなるかまったく予測ができない。このような場合は**相関なし**と判断する。

例題4.3の場合，簿記入門とGPAの間には正の相関があるといえる。一方，日本史とGPAの間には負の相関があるといえるが，その関係は簿記入門とGPAほど強くないようにみえる。

しかし，散布図による相関の判断は，散布図の描き方や見る人によってさまざまに分かれる可能性が高い。そこで，相関の正負やその強さを客観的に示す尺度を導入しよう。

【例題4.4】 例題4.3で示唆された簿記入門とGPA，および日本史とGPAの関係を，それぞれ数値化して客観的に裏づけなさい。

（解説） ここで，2変数間の相関の正負やその強さを示す尺度として「相関係数」を導入する。前提として，2変数 X, Y に対して，**表4.3**のような n 組のデータが得られているとする。X, Y の**相関係数**を r_{XY} とすれば

表4.3　2変数 X, Y に対するデータ

データNo.	1	2	…	n
変数 X	X_1	X_2	…	X_n
変数 Y	Y_1	Y_2	…	Y_n

$$r_{XY} = \frac{\sum_{i=1}^{n}\left(X_i - m_X\right)\left(Y_i - m_Y\right)}{\sqrt{\sum_{i=1}^{n}\left(X_i - m_X\right)^2}\sqrt{\sum_{i=1}^{n}\left(Y_i - m_Y\right)^2}} \tag{4.5}$$

と定義する。ただし

$$\sum_{i=1}^{n}(X_i-m_X)(Y_i-m_Y)=(X_1-m_X)(Y_1-m_Y)+(X_2-m_X)(Y_2-m_Y)+\cdots+(X_n-m_X)(Y_n-m_Y) \tag{4.6}$$

$$\sum_{i=1}^{n}(X_i-m_X)^2=(X_1-m_X)^2+(X_2-m_X)^2+\cdots+(X_n-m_X)^2 \tag{4.7}$$

$$\sum_{i=1}^{n}(Y_i-m_Y)^2=(Y_1-m_Y)^2+(Y_2-m_Y)^2+\cdots+(Y_n-m_Y)^2 \tag{4.8}$$

である。なお，r_{XY}の代わりにρ_{XY}と書き表す教科書もある。相関係数は必ず$-1\leqq r_{XY}\leqq 1$を満たす。散布図との関連でいえば，図4.3（a），（b）のように正の相関がある場合は，相関係数は正となり，特に（b）のように強い正の相関があるほど+1に近い値をとる。一方，図4.3（c），（d）のように負の相関がある場合は，相関係数は負となり，特に（d）のように強い負の相関があるほど−1に近い値をとる。図4.3（e），（f）のように2変数間に直線的な関係がない場合は，相関係数は0に近い値をとる。注意すべきは，「相関なし」ならば$r_{XY}\fallingdotseq 0$だが，$r_{XY}\fallingdotseq 0$でも「相関あり」となる場合（図4.3（e））があることである。

（解答）　簿記入門の得点をX，日本史の得点をY，GPAをZとおき，1人目のデータの組を$(X_1,\ Y_1,\ Z_1)=(55,\ 70,\ 1.6)$，2人目のデータの組を$(X_2,\ Y_2,\ Z_2)=(90,\ 65,\ 4.0)$，…などとおく。準備として，$X$，$Y$，$Z$の平均をそれぞれ

$$m_X=75,\ \ m_Y=69,\ \ m_Z=2.76$$

と求めておく。まず，簿記入門とGPAの相関係数r_{XZ}を求めよう。ところで，相関係数は表計算ソフトExcelでは関数CORRELで容易に求まるが，公式(4.5)〜(4.8)を電卓でまともに計算するのは大変である。そこで，標準偏差の計算と同様に，平均に近い切りのよい値の「仮平均」を次のように導入しよう。

$$a_X=75,\ \ a_Y=70,\ \ a_Z=2.4$$

仮平均を用いると，r_{XZ}の分子は

$$\sum_{i=1}^{n}(X_i - m_X)(Z_i - m_Z) = (X_1 - a_X)(Z_1 - a_Z) + \cdots + (X_n - a_X)(Z_n - a_Z) - n(m_X - a_X)(m_Z - a_Z) \tag{4.9}$$

分母の各平方根の中はそれぞれ

$$\sum_{i=1}^{n}(X_i - m_X)^2 = (X_1 - a_X)^2 + \cdots + (X_n - a_X)^2 - n(m_X - a_X)^2 \tag{4.10}$$

$$\sum_{i=1}^{n}(Z_i - m_Z)^2 = (Z_1 - a_Z)^2 + \cdots + (Z_n - a_Z)^2 - n(m_Z - a_Z)^2 \tag{4.11}$$

と変形できることが知られている。これらを用いると，式 (4.9) の右辺は

$$(55-75)\times(1.6-2.4)+\cdots+(75-75)\times(2.0-2.4) -5\times(75-75)\times(2.76-2.4)=54$$

式 (4.10)，(4.11) の右辺はそれぞれ

$$(55-75)^2+\cdots+(75-75)^2-5\times(75-75)^2=750$$

$$(1.6-2.4)^2+\cdots+(2.0-2.4)^2-5\times(2.76-2.4)^2=4.672$$

と得られる（実際の計算は 0 に相殺される項があって意外に楽である）。以上により

$$r_{XZ} = \frac{54}{\sqrt{750}\times\sqrt{4.672}} = 0.912\,245\cdots$$

ゆえに $r_{XZ} \fallingdotseq 0.912\,2$ が得られる。散布図 4.3 (a) が示唆したように，簿記入門と GPA に正の相関があることが確かめられた。一方，日本史と GPA の相関係数 r_{YZ} を求めるには，式 (4.9)，(4.10) 内の X を Y に置き換えた式（(4.9)′，(4.10)′ とする）と，式 (4.11) そのものを用いればよい。具体的には，式 (4.9)′ より

$$(70-70)\times(1.6-2.4)+\cdots+(75-70)\times(2.0-2.4) -5\times(69-70)\times(2.76-2.4)=-15.2$$

式 (4.10)′ より

$$(70-70)^2+\cdots+(75-70)^2-5\times(69-70)^2=70$$

が得られ，式 (4.11) からすでに 4.672 が得られている。これらを用いると

$$r_{YZ}=\frac{-15.2}{\sqrt{70}\times\sqrt{4.672}}=-0.840\,510\cdots$$

ゆえに $r_{YZ}\fallingdotseq -0.840\,5$ が得られる。散布図4.3（b）が示唆したように，日本史とGPAに負の相関があることが確かめられた。さらに，絶対値で比較すると $|r_{XZ}|>|r_{YZ}|$ なので，日本史とGPAの関係は，簿記入門とGPAの関係ほど強くはないことも確かめられた。　□

この例題では，2つの相関係数を求めて比較したが，では単独で得られた相関係数から関係の強さを判定する基準はあるのか？ この点については，絶対的な基準は知られていないが，菅[2] はある市場調査会社の判断基準を以下のように示している。

- $0.9\leqq|r_{XY}|$ ならば，X，Y には非常に強い相関がある。
- $0.7\leqq|r_{XY}|<0.9$ ならば，X，Y にはやや強い相関がある。
- $0.5\leqq|r_{XY}|<0.7$ ならば，X，Y にはやや弱い相関がある。（以上「関連がある」と判断）
- $|r_{XY}|<0.5$ ならば，X，Y には非常に弱い相関がある。（「関連がない」と判断）

この基準に例題4.4の結果を当てはめれば，簿記入門とGPAには非常に強い正の相関があり，日本史とGPAにはやや強い負の相関があると判断できる。

4.2 確率について

実際のビジネスで直面するさまざまな不確実性を表す尺度が「確率」である。ORでは，不確実性を伴う意思決定問題に確率の概念を援用して，問題の解決を試みる。

「確率」は高校数学Aで学習しているが，ここではその要点をかいつまんで復習する。大まかにいえば，**確率**とは物事の起こりやすさを表す尺度であり，0以上1以下の値をとる。確率について検討する対象となる物事を**事象**という。必ず起こる事象の確率は1，絶対に起こらない事象の確率は0である。事象 A

が起こる確率を $\Pr\{A\}$ と表す。「A が起こらない」という事象を $\Pr\{\text{not } A\}$ と書く。2つの事象 A, B に対して,「A, B がともに起こる」という確率を $\Pr\{A \text{ and } B\}$,「A, B のうち少なくとも1つが起こる」という確率を $\Pr\{A \text{ or } B\}$ と書く。後述のように,確率の計算方法は事象によってさまざまだが,次の計算ルールはつねに成り立つ。

$$\Pr\{\text{not } A\} = 1 - \Pr\{A\} \tag{4.12}$$

$$\Pr\{A \text{ or } B\} = \Pr\{A\} + \Pr\{B\} - \Pr\{A \text{ and } B\} \tag{4.13}$$

特に,A, B が互いに**排反**(決して同時には起こりえない)であるとき,式(4.13)の右辺で $\Pr\{A \text{ and } B\} = 0$ となるので,以下が成り立つ。

$$\Pr\{A \text{ or } B\} = \Pr\{A\} + \Pr\{B\} \tag{4.14}$$

また,A, B が互いに**独立**(一方の起こり方が他方に影響しない)であるとき

$$\Pr\{A \text{ and } B\} = \Pr\{A\}\Pr\{B\} \tag{4.15}$$

が成り立つ。

では,具体的な計算方法を例題でみていこう。まずは「定番」のさいころに関する例題を考えよう。

【例題 4.5】 さいころを1回投げたとする。以下の確率を求めなさい。

① 3の約数以外の目が出る確率。

② 3の倍数か,または偶数の目が出る確率。

③ 3の約数か,または偶数の目が出る確率。

(解答) 高校数学Aで学ぶ確率は,基本的には

(事象に当てはまる場合の数)÷(場合の総数)

と計算する。つまり,場合の総数は有限であることを前提とする(その前提が崩れたときの計算方法は後述)。さいころは1から6までの目があり,場合の総数は6である。また,3の約数(1, 3),3の倍数(3, 6),偶数(2, 4, 6)の目が出る事象をそれぞれ A, B, C とすれば,それら事象に当てはまる場合の数はそれぞれ2, 2, 3である。

（**①について**）　$\Pr\{A\}=\frac{2}{6}=\frac{1}{3}$ なので，求める確率は式（4.12）より，以下のように得られる。

$$\Pr\{\text{not } A\}=1-\Pr\{A\}=1-\frac{1}{3}=\frac{2}{3}$$

（**②について**）　$\Pr\{B\}=\frac{2}{6}=\frac{1}{3}$，$\Pr\{C\}=\frac{3}{6}=\frac{1}{2}$，$\Pr\{B \text{ and } C\}=\Pr\{6\text{の目}\}=\frac{1}{6}$ なので，求める確率は式（4.13）より，以下のように得られる。

$$\begin{aligned}\Pr\{B \text{ or } C\}&=\Pr\{B\}+\Pr\{C\}-\Pr\{B \text{ and } C\}\\&=\frac{1}{3}+\frac{1}{2}-\frac{1}{6}=\frac{2+3-1}{6}=\frac{2}{3}\end{aligned}$$

（**③について**）　$\Pr\{A\}=\frac{1}{3}$，$\Pr\{C\}=\frac{1}{2}$ であり，A，C は互いに排反なので，求める確率は式（4.14）より

$$\Pr\{A \text{ or } C\}=\Pr\{A\}+\Pr\{C\}=\frac{1}{3}+\frac{1}{2}=\frac{2+3}{6}=\frac{5}{6}$$

と得られる。　□

【例題 4.6】　**図 4.4** のように，10 個の部品 P_1，P_2，…，P_{10} からなる製品 A がある。製品 A は，すべての部品が良品であるとき正常に動き，1 個の部品でも不良品であれば，A 全体が不良品となる。各部品が不良品である確率がいずれも 0.001（=0.1%）のとき，製品 A が不良品になる確率（不良品率）を求めなさい。なお，どの部品の良・不良も，他の部品の良・不良に影響を与えないものとする。

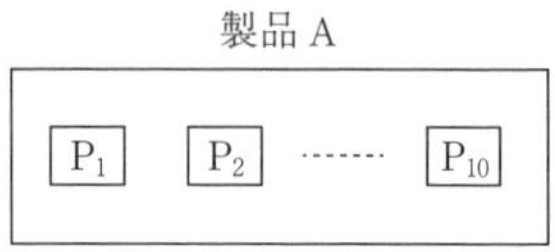

製品 A

P_1　P_2　……　P_{10}

図 4.4　製品 A の構成

（**解答**）　製品 A が良品であるという事象を G_A とすると，求めたい確率は $\Pr\{\text{not } G_A\}$ である。部品 P_1，P_2，…，P_{10} が良品であるという事象をそれぞれ G_1，G_2，…，G_{10} とすると

$$\Pr\{\text{not } G_A\}=1-\Pr\{G_A\}$$

$$
\begin{aligned}
&=1-\Pr\{G_1 \text{ and } G_2 \text{ and } \cdots \text{ and } G_{10}\}\\
&=1-\Pr\{G_1\}\times\Pr\{G_2\}\times\cdots\times\Pr\{G_{10}\}\\
&=1-(1-\Pr\{\text{not } G_1\})\times(1-\Pr\{\text{not } G_2\})\times\cdots\\
&\quad\times(1-\Pr\{\text{not } G_{10}\})\\
&=1-(1-0.001)^{10}=1-0.999^{10}=0.009\,955\,2
\end{aligned}
$$

つまり，10個の部品の不良品率が0.1%であっても，製品全体の不良品率は約1%まで上昇する。 □

次に，「確率変数」と「確率分布」を導入する。値のとり方が偶然に左右される変数を**確率変数**という。例題4.5の「さいころの目」は確率変数の一種である。確率変数がとり得る値（またはその範囲）に確率の値が対応しているとき，その対応を**確率分布**という。確率変数Xに対応する確率分布に例えば「○○分布」と名前がついているとき，「Xは○○分布に**従う**」といい，「X~○○分布」と略記することがある。確率変数Xに関する確率は$\Pr\{X$の等式または不等式$\}$と表す。確率分布は，値のとり方によって「離散型」と「連続型」に大別できる。

まず，「離散型確率分布」を例題で説明しよう。

【例題4.7】 スポーツ振興くじPIGの賞金と当たる確率は**表4.4**のとおりである。このくじを1回購入したとき，次の確率を求めなさい。

① 賞金が1万円の確率

② 賞金が10万円以上の確率

③ 賞金が10万円を超える確率

表4.4 PIGの賞金の確率分布（PIG分布）

賞　金	確　率
1 000万円	0.000 01
100万円	0.000 05
10万円	0.000 10
1万円	0.001 00
はずれ（0円）	0.998 84
合　計	1.000 00

（解答） 賞金を確率変数X，表が示す確率分布を「PIG分布」とする。「X~PIG分布」と表せる。Xのとり得る値は0，1万，10万，100万，1 000万の5通りであり，とびとびに存在している。このように，値を離散的に（とびとび

に）とる確率変数を**離散型確率変数**，とり得る値とその値をとる確率の対応を**離散型確率分布**という。

（**①について**）　求める確率は分布表から $\Pr\{X=10\,000\}=0.001$ である。

（**②について**）「$X \geqq 100\,000$」という事象は「$X=100\,000$ または $X=1\,000\,000$ または $X=10\,000\,000$」であり，3 事象は互いに排反だから，式 (4.14) より以下が得られる。

$$\begin{aligned}\Pr\{X \geqq 100\,000\} &= \Pr\{X=100\,000\}+\Pr\{X=1\,000\,000\}\\ &\quad +\Pr\{X=10\,000\,000\}\\ &=0.000\,10+0.000\,05+0.000\,01=0.000\,16\end{aligned}$$

（**③について**）「$X>100\,000$」という事象は「$X=1\,000\,000$ または $X=10\,000\,000$」であるから，②と同様にして

$$\begin{aligned}\Pr\{X>100\,000\} &= \Pr\{X=1\,000\,000\}+\Pr\{X=10\,000\,000\}\\ &=0.000\,05+0.000\,01=0.000\,06\end{aligned}$$

が得られる。 □

離散型確率分布には，確率変数 X の値がある具体的な値 x をとる確率 $\Pr\{X=x\}$ を，x の関数 $p(x)$ で表せる場合がある。このときの関数 $p(x)$ を**確率関数**という。確率関数には数多くの種類がある。例えば，不良品率が p の生産工程から n 個の製品を抜き出したとき，その中に x 個の不良品が含まれる確率は

$$p(x)=\binom{n}{x}p^{x}(1-p)^{n-x} \quad (x=0,\ 1,\ \cdots,\ n) \tag{4.16}$$

ただし

$$\binom{n}{x}={}_{n}C_{x}=\frac{n\times(n-1)\times\cdots\times(n-x+1)}{x\times(x-1)\times\cdots\times 2\times 1} \tag{4.17}$$

と計算できる。このような確率関数をもつ確率分布を**二項分布**という。それ以外の離散型確率分布として，離散型一様分布，超幾何分布，ポアソン分布などが知られている（それらの詳細は他書に譲る）。

次に，「連続型確率分布」について例題をヒントに考えてみよう。

【例題 4.8】 ある小国における成人男性の身長〔cm〕の分布が**表 4.5** のように得られている。なお，階級は下限値より大きく上限値以下とする。

表 4.5 ある小国の成人男性の身長の分布

階　級	相対度数	密　度
150〜160	0.1	0.01
160〜170	0.4	0.04
170〜180	0.3	0.03
180〜190	0.2	0.02
合　計	1.0	

この国から無作為に選んだ成人男性の身長を X とするとき，以下の確率を求めなさい。

① $\Pr\{174 < X \leqq 184\}$，② $\Pr\{X > 165\}$

（解答） X は明らかに確率変数であり，その定義域「150 より大きく 190 以下」には X のとり得る値が切れ目なく無数に存在する。このように，値を連続的に（切れ目なく）とる確率変数を**連続型確率変数**，とり得る値の範囲と確率の対応を**連続型確率分布**という。離散型との大きな違いは，確率の値が確率変数の個々の値ではなく範囲に付与されることである。

（**①について**） 上述のように，定義域「150 より大きく 190 以下」にはとり得る値が無数に存在する。よって，高校数学 A で学んだような（事象に当てはまる場合の数）÷（場合の総数）という確率計算はできない。ならば，分布表にある相対度数を確率と同一視してよさそうだが，①のように「174 より大きく 184 以下」に相当する階級がない。どうすればよいか？ ここで，密度（＝相対度数÷階級幅）を縦軸とするヒストグラム（「密度ヒストグラム」と呼ぼう）に注目する。

密度ヒストグラムの棒の面積の合計は 1 である。そこで，確率を求める区間の上に伸びる棒の面積を，対応する確率と捉えることにする。そうすれば，求める確率は**図 4.5** の斜線部分の面積だから

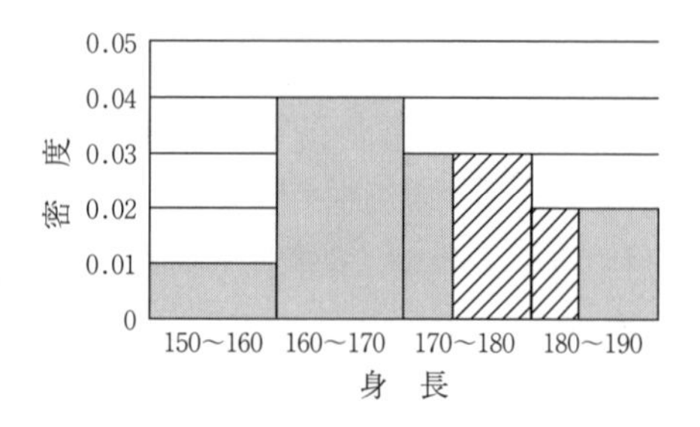

図 4.5　例題 4.8 の分布表に対応する密度ヒストグラム

$$\Pr\{174<X\leqq 184\}$$
$$=0.03\times 6+0.02\times 4$$
$$=0.26$$

と得られる。

（**②について**）　先に，$\Pr\{X\leqq 165\}$ を①と同様に求めると

$$\Pr\{X\leqq 165\}=0.01\times 10+0.04\times 5=0.3$$

となるので，このことと式 (4.12) より

$$\Pr\{X>165\}=\Pr\{\text{not } X\leqq 165\}=1-\Pr\{X\leqq 165\}=0.7$$

が得られる。　□

連続型確率分布では，このように面積を確率と捉えて計算するので，どんな定数 c に対しても $\Pr\{X=c\}=0$ である。またこのことから

$$\begin{aligned}\Pr\{a<X\leqq b\}&=\Pr\{a<X<b \text{ or } X=b\}\\&=\Pr\{a<X<b\}+\Pr\{X=b\}=\Pr\{a<X<b\}\\&=\Pr\{a\leqq X<b\}=\Pr\{a\leqq X\leqq b\}\quad(\text{同様の理由で})\end{aligned}$$

つまり，連続型確率分布の場合は不等号での“=”の有無は確率計算に影響しない。このことも離散型との大きな違いである。離散型では，例題 4.7 の②と③のように“=”の有無で結果が変わることがある。

連続型確率分布については，確率変数の種類に応じてその密度を表す滑らかな関数 $f(x)$ が経験的に知られている場合が多い。このときの関数 $f(x)$ を**密度関数**という（確率関数と異なり $\Pr\{X=x\}\neq f(x)$ である）。密度ヒストグラムのときと同様に，密度関数 $f(x)$ が与えられたとき，確率 $\Pr\{a\leqq X\leqq b\}$ は**図 4.6** の斜線部の面積である。

しかし，この確率（＝面積）を計算するには，かなり高等な数学である「定

積分」を使って

$$\Pr\{a \leqq X \leqq b\} = \int_a^b f(x)\,dx$$

を求めなければならない。本書では積分についてこれ以上深入りしたくないので，密度関数からの確率計算は，必要に応じてその結果のみ示していく。密度関数にも数多くの種類があるが，最も重要視されるのが，次のような密度関数をもつ**正規分布**である。

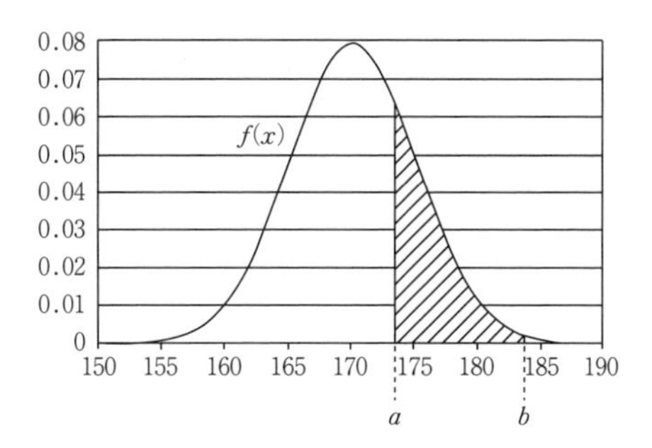

図 4.6　密度関数 $f(x)$ と確率 $\Pr\{a \leqq X \leqq b\}$

$$f(x) = \frac{1}{\sqrt{2\pi}\,\sigma} e^{-\frac{(x-\mu)^2}{2\sigma^2}} \tag{4.18}$$

ここで，μ, σ はそれぞれ分布の平均，標準偏差を表す。図 4.6 の密度関数 $f(x)$ は，式 (4.18) の右辺で $\mu = 170$, $\sigma = 5$ とおいたときのグラフである。正規分布が重要な理由は，正規分布に従う確率変数が多いからである。例えば，ある国・ある性別・ある年代の身長や体重，センター入試の点数，正常な工程で製造される製品の内容量の誤差，……など枚挙に暇がない。これらに共通することは，その値が数え切れないほど多くの要因の影響を受けて出現することである。このような確率変数が正規分布に従うことは**中心極限定理**で数学的に証明されている（超難解につき省略）。正規分布以外の連続型確率分布として，一様分布，指数分布，t 分布，F 分布などが知られている（それらの詳細も他書に譲る）。

この節の最後に，「期待値」について説明しよう。期待値は OR でもよく活用される数量である。

【例題 4.9】　例題 4.7 のスポーツ振興くじ PIG の，賞金の期待値を求めなさい。

（**解答**）　ここでは離散型確率分布における「期待値」についてだけ述べる。離

散型確率変数 X が**表 4.6** のような確率分布に従うとする。このとき，X の**期待値** $E(X)$ は

表 4.6　離散型確率変数 X の確率分布

X のとりうる値	x_1	x_2	$\cdots$	x_k
確　率	p_1	p_2	$\cdots$	p_k

$$E(X)=\sum_{i=1}^{k}x_i p_i=x_1p_1+x_2p_2+\cdots+x_kp_k \tag{4.19}$$

と定義する。PIG の賞金 X の期待値は，式 (4.19) の右辺に例題 4.7 の分布表の値を代入すれば

$$E(X)=10\,000\,000\times0.000\,01+1\,000\,000\times0.000\,05$$
$$+100\,000\times0.000\,1+10\,000\times0.001+0\times0.998\,84=170$$

が得られる。□

なお，この「期待値 170 円」はどのように解釈できるか？ 今の計算は次のように変形できる。

$$E(X)=1\,000\text{万}\times\frac{1}{10\text{万}}+100\text{万}\times\frac{5}{10\text{万}}+10\text{万}\times\frac{10}{10\text{万}}+1\text{万}\times\frac{100}{10\text{万}}$$
$$+0\times\frac{99\,884}{10\text{万}}$$
$$=\frac{1}{10\text{万〔回〕}}\{1\,000\text{万〔円〕}\times1+100\text{万〔円〕}\times5+10\text{万〔円〕}\times10$$
$$+1\text{万〔円〕}\times100\}$$
$$=\frac{1\,700\text{万〔円〕}}{10\text{万〔回〕}}=170\text{〔円〕}$$

この式の中括弧｛　｝の中は，PIG を 10 万回購入すると，1 000 万円が 1 回，100 万円が 5 回，10 万円が 10 回，1 万円が 100 回当たることが期待できることを示している。よって，賞金の期待値は，「くじを数えきれないほど購入したときの，賞金の平均値」と解釈できる。

演 習 課 題

【課題 4.1】　カウス食品株式会社は，社内規格で内容量を 300±3 g と定めているある食品を生産している。ある日抜き打ちで製品を 5 個取り出し，それらの

内容量 X を計測したら，次のようなデータが得られた。

300.4　299.1　298.9　300.3　301.6

それらの平均 m_X と標準偏差 S_X を計算し，そこから工程能力指数 C_p を求め，当時の生産工程の状態について検討しなさい。

【課題 4.2】 上記のカウス食品では，生産工程が管理状態（きちんとコントロールされた状態）のときでも，規格外（303 g 以上または 297 g 以下）の製品が 0.5％出現するという。ある日，抜き打ちで 10 個の製品を取り出したら，そのうち 2 個が規格外だった。このような事態が起こる確率を求めなさい。また，得られた確率をどう捉えるべきか検討しなさい。

さらに勉強するために

この章の内容は，「確率・統計」に関するあまたの入門書に取り上げられている。本書では，データの整理に主眼をおいた「記述統計」を主として取り上げたが，一般的な「確率・統計」の教科書では，「記述統計」に加えて（あるいはそれよりも）仮説の検証に主眼をおいた「推測統計」を取り上げている。そうした一般的な「確率・統計」の教科書は枚挙に暇がないが，文献 4）は具体例を多く盛り込んだ解説書として良書である。また，文献 1）は表計算ソフト Excel を活用しながら学習することにこだわった教科書の 1 つである。文献 2）は，市場調査における統計学の活用例が豊富である。なお，近年はビッグデータの時代と呼ばれるが，その旗振り役となったのが文献 3）である。これは教科書というより啓蒙書に近いが，歴史的背景も交えて統計学の魅力を語っており，一読の価値がある。

参考文献

1） 荒木勉（監），杉本英二・穴沢務（著）：Excel で学ぶ経営科学入門シリーズⅡ 統計解析，実教出版（2000）
2） 菅民郎：すべてがわかるアンケートデータの分析，現代数学社（1998）
3） 西内啓：統計学が最強の学問である，ダイヤモンド社（2013）
4） 宮田庸一：統計学がよくわかる本，アイ・ケイ コーポレーション（2012）

予　　　　　測

ビジネスに限らず，世の中，一寸先は闇である。しかし，計画的に仕事を進めるためには，将来の状況をある程度予測しておく必要がある。例えば，事業を拡大するために銀行から融資を受けたい場合，事業計画を示さないといけないだろうが，そのためには将来期待できる売上を予測する必要がある。その際，銀行を納得させるには，経験や勘だけに頼らず，過去のデータに基づいて客観的かつ合理的な予測をすることが求められる。経験や勘が悪いということではなく，「客観的なデータも使って冷静に考えました」という誠実な姿勢が重要なのである。

この章では，予測の基本的な手法を取り上げる。予測の手法は，「因果分析」と「時系列分析」に大別できる（それらを混ぜ合わせた手法もある）が，本書では「因果分析」だけを取り上げる。「時系列分析」については他書を参照されたい。**因果分析**とは，売上に影響を与えそうな変数（説明変数）をいくつか選び，売上を説明変数の関数で表して，予測に結びつけようとするものである。そのような関数を過去のデータから求めることを**回帰分析**という。

5.1　回帰分析と最小2乗法

まず，回帰分析に関する用語を説明しよう。回帰分析は線形計画法と同様に汎用的な（使い道の広い）手法である。回帰分析の代表的な適用例を2つだけ挙げておく。

例1：操業度（工場での機械運転時間）と原価発生額（電気料金）のデータ

があるとき，変動費と固定費を求めたい（固変分解）。

例２：店舗面積と売上高のデータがあるとき，開業予定の新店舗の売上高を予測したい（売上予測）。

例１において，操業度は原価発生額に影響を与える変数であり，例２において，店舗面積は売上高に影響を与える変数である。影響を与える側，言い換えれば原因となる変数（操業度や店舗面積）を**説明変数**（または**独立変数**）といい，影響を受ける側，言い換えれば結果となる変数（原価発生額や売上高）を**被説明変数**（または**従属変数**）という。回帰分析の目的は，すでに得られているデータから被説明変数と説明変数の関係式を求め，関係式の値（係数や切片）を活用したり，予測に役立てたりすることである。

回帰分析はいくつかに分類できる。まず，関係式で分類する。説明変数を X，被説明変数を Y とおく。

図 5.1（a）のように，Y が X の一次関数であると想定できるとき，その一次関数を**線形回帰モデル**という。一方，図 5.1（b）のように，Y が X の指数関数であると想定できるとき，その指数関数を**指数回帰モデル**という。指数回帰モデルも含めて，一般に線形回帰モデル以外の関係式を**非線形回帰モデル**という。次に，説明変数の個数で分類する。被説明変数 Y が１つの変数 X の関数である，つまり $Y=f(X)$ と想定できるとき，この関数を**単回帰モデル**といい，これを求めることを**単回帰分析**という。一方，被説明変数 Y が k 個の変数 X_1, X_2, …, X_k の関数である，つまり $Y=f\left(X_1, X_2, \cdots, X_k\right)$ と想定できる

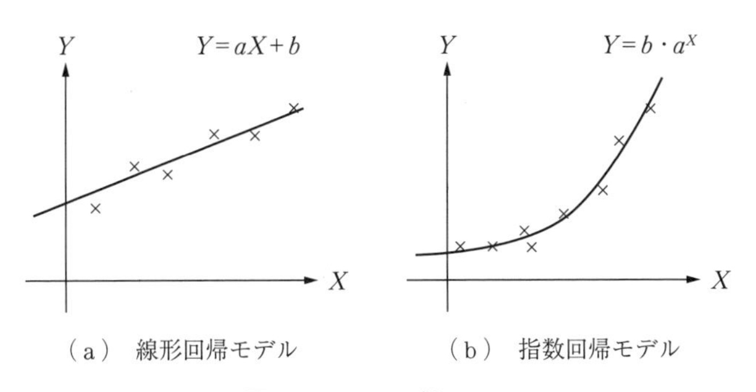

（a）　線形回帰モデル　　（b）　指数回帰モデル

図 5.1　２つの回帰モデル

とき，この関数を**重回帰モデル**といい，これを求めることを**重回帰分析**という。本書では

・線形の単回帰分析：$Y=aX+b$ を求めること

・線形の重回帰分析：$Y=a_1X_1+a_2X_2+\cdots+a_kX_k+b$ を求めること

だけを取り上げる。

ところで，「関係式を求める」とは，単回帰分析では傾き a と切片 b を，重回帰分析では k 個の係数 a_1，a_2，…，a_k と切片 b を，いずれも与えられたデータから決めることである。これらを合理的に決める手法の1つが「最小2乗（自乗）法」である。次の例題で詳細をみてみよう。

【例題5.1】　ある工場において，過去6カ月の月別の直接作業時間と製造原価発生額に関する実績データが，**表5.1**のように得られている。

表5.1　6カ月間の直接作業時間と製造原価発生額

	4月	5月	6月	7月	8月	9月
直接作業時間〔時間〕	20	120	60	80	40	100
製造原価発生額〔円〕	2 550	6 250	4 230	5 140	3 560	5 840

このデータに基づき，最小自乗法により原価分解（固変分解）を行い，変動費率と月間固定費を求めなさい。（例題出典：倉地[2]，一部改変）

（解説）　この問題を定式化するとともに，「最小2乗（自乗）法」による解法を紹介しよう。直接作業時間を X，製造原価発生額を Y とおく。表5.1から，X と Y の散布図は**図5.2**のように描ける。

図5.2より，データは右上がりの直線にほぼ沿うように散らばっている。この6つの点の傾向を最もよく表す直線 $Y=aX+b$ を考えると，傾き a が変動費率，切片 b が月間固定費を意味する。この a と b をデータから求めたい。もう少し一般的にいえば，説明変数 X と被説明変数 Y に対するデータが**図5.3**（a）のように n 組（例題5.1では $n=6$）得られているとき，図5.3（b）のように

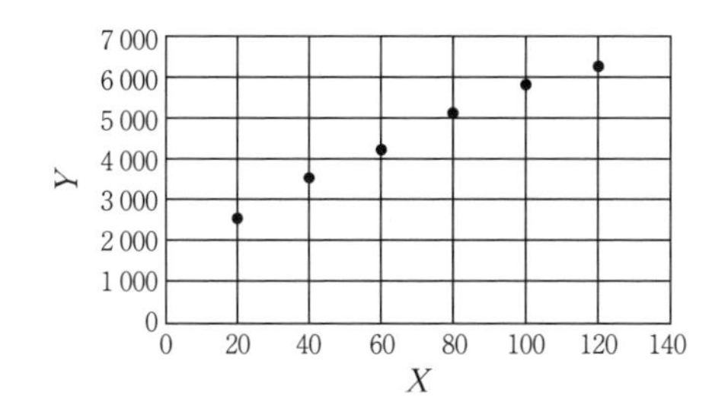

図 5.2　直接作業時間 X と製造原価発生額 Y の散布図

変　数	データ
X（操業度）	X_1　X_2　$\cdots$ X_n
Y（原価発生額）	Y_1　Y_2　$\cdots$ Y_n

（a）　n 組のデータ

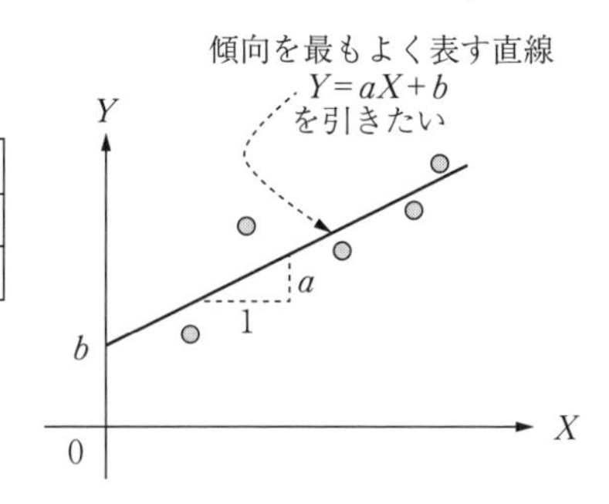

（b）　データに基づく回帰直線

図 5.3　単回帰分析に必要なデータと分析方針

n 個の点の傾向を最もよく表す直線 $Y=aX+b$ の傾き a と切片 b を，データから求めたい。

「点の傾向を最もよく表す直線」の意味は後述するとして，そのような直線の傾き a と切片 b は，次の連立一次方程式を a, b について解けば得られることが知られている。

$$\sum_{i=1}^{n} Y_i = \left(\sum_{i=1}^{n} X_i\right) a + nb \tag{5.1}$$

$$\sum_{i=1}^{n} X_i Y_i = \left(\sum_{i=1}^{n} X_i^2\right) a + \left(\sum_{i=1}^{n} X_i\right) b \tag{5.2}$$

ただし

$$\sum_{i=1}^{n} X_i = X_1 + X_2 + \cdots + X_n \tag{5.3}$$

$$\sum_{i=1}^{n} Y_i = Y_1 + Y_2 + \cdots + Y_n \tag{5.4}$$

$$\sum_{i=1}^{n} X_i^2 = X_1^2 + X_2^2 + \cdots + X_n^2 \tag{5.5}$$

$$\sum_{i=1}^{n} X_i Y_i = X_1 Y_1 + X_2 Y_2 + \cdots + X_n Y_n \tag{5.6}$$

連立一次方程式（5.1），（5.2）を**正規方程式**といい，その解となる a, b を**最小2乗推定量**という。なお，「最小2乗」の意味も後に明らかになる。

（**解答**）　例題5.1のデータを式（5.3）～（5.6）に当てはめれば

$$\sum_{i=1}^{n} X_i = 20 + 120 + \cdots + 100 = 420$$

$$\sum_{i=1}^{n} Y_i = 2\,550 + 6\,250 + \cdots + 5\,840 = 27\,570$$

$$\sum_{i=1}^{n} X_i^2 = 20^2 + 120^2 + \cdots + 100^2 = 36\,400$$

$$\sum_{i=1}^{n} X_i Y_i = 20 \times 2\,550 + 120 \times 6\,250 + \cdots + 100 \times 5\,840 = 2\,192\,400$$

これらを式（5.1），（5.2）に代入して，次の正規方程式が得られる。

$$27\,570 = 420a + 6b \tag{5.7}$$

$$2\,192\,400 = 36\,400a + 420b \tag{5.8}$$

この連立一次方程式を解くのは骨が折れそうだが，式（5.7）の両辺を70倍した

$$1\,929\,900 = 29\,400a + 420b$$

を式（5.8）から引いて $262\,500 = 7\,000a$，ゆえに $a = 37.5$ が得られる。一方，式（5.7）は両辺を6で割って整理すると

$$b = 4\,595 - 70a$$

となるので，これに $a = 37.5$ を代入して，$b = 1\,970$ が得られる。以上により，変動費率は37.5円，月間固定費は1 970円である。　□

最小2乗法で得られた関係式 $Y = 37.5X + 1\,970$ が「点の傾向を最もよく表す直線」とのことだが，それは一体どういう意味か？　そのことを考えるために，i 番目のデータ $(X_i,\ Y_i)$ が直線 $Y = aX + b$ からどれだけズレているかを表す**残差** e_i を次のように定義する。

$$e_i = Y_i - (aX_i + b) \tag{5.9}$$

そして，２つの直線

（Ａ）　$Y=37.5X+1\,970$（最小２乗法による関係式）

（Ｂ）　$Y=28.5X+2\,600$（目分量で適当に決めた関係式）

における各データの残差を比較すると，**図5.4**のようになる。

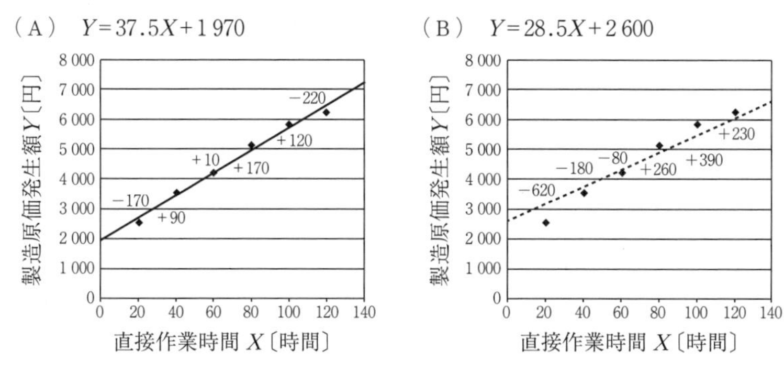

図5.4　２直線（Ａ），（Ｂ）における各データの残差

例えば，最初のデータ$(X,\ Y)=(20,\ 2\,550)$（散布図上では一番左下の点）に対する残差は，直線（Ａ）からは

$$e_1=2\,550-(37.5\times20+1\,970)=-170$$

直線（Ｂ）からは

$$e_1=2\,550-(28.5\times20+2\,600)=-620$$

と計算される。図5.4を見るだけでも，（Ａ）のほうが（Ｂ）よりも点の集まりの中をバランス良く貫いていることがわかる。さらに，このバランスの良さを測る量として**残差２乗和**

$$\sum_{i=1}^{n} e_i{}^2=e_1{}^2+e_2{}^2+\cdots+e_n{}^2 \tag{5.10}$$

を計算すると，直線（Ａ）からは

$$\sum_{i=1}^{n} e_i{}^2=(-170)^2+90^2+\cdots+(-220)^2=128\,800$$

直線（Ｂ）からは

$$\sum_{i=1}^{n} e_i{}^2=(-620)^2+(-180)^2+\cdots+230^2=695\,800$$

が得られる。この結果からも，（A）のほうが（B）に比べて，直線からデータが乖離している度合いが小さいことがわかる。

実は，最小2乗法で得られる直線は，他のどんな直線よりも，残差2乗和が小さくなるのである（この理由は章末の「補足」で示される）。つまり，「点の傾向を最もよく表す直線」とは，残差2乗和が最小になる直線という意味である。またこれが，「最小2乗」といわれる所以でもある。

5.2　回帰分析による予測

【例題 5.2】　例題5.1の工場において，10月の直接作業時間が90時間と見込まれるとき，10月の製造原価発生額を予測しなさい。また，予測式 $Y=37.5X+1\,970$ の精度について検討しなさい。

（**解説**）　一般に，過去のデータから予測式 $Y=aX+b$ が得られているとき，X の新たな値 X_0 に対する Y の予測値は aX_0+b とするのが自然である。予測式の精度については，前節で述べた残差2乗和が0に近いほど精度が高いとみなしても，一見良さそうにみえる。しかし，残差2乗和はデータの個数に依存するという欠点がある。その代わりに，次のような**決定係数** R^2 を用いることが多い。

$$R^2=1-\frac{\sum_{i=1}^{n} e_i{}^2}{\sum_{i=1}^{n}\left(Y_i-m_Y\right)^2} \tag{5.11}$$

ただし

$$\sum_{i=1}^{n}\left(Y_i-m_Y\right)^2=\left(Y_1-m_Y\right)^2+\left(Y_2-m_Y\right)^2+\cdots+\left(Y_n-m_Y\right)^2 \tag{5.12}$$

m_Y は被説明変数 Y のデータの平均である。予測式が最小2乗法で得られている場合，$0\leqq\sum_{i=1}^{n} e_i{}^2\leqq\sum_{i=1}^{n}\left(Y_i-m_Y\right)^2$ となることが知られている。よって，R^2 が

1に近いほど（残差2乗和が小さいことになり）予測式の精度は高いとみなせる。R^2 は，被説明変数 Y の変動のうち，予測式で説明できる変動の割合を意味する。

（解答） 10月の直接作業時間は $X=90$〔時間〕と見込まれているので，その値を予測式 $Y=37.5X+1\,970$ に代入して，$Y=37.5\times 90+1\,970=5\,345$，つまり10月の製造原価発生額は5 345円と予測できる。

次に，この予測式に対する決定係数 R^2 を求めよう。残差2乗和は式（5.10）に基づいてすでに $\sum_{i=1}^{n} e_i{}^2=128\,800$ が得られている。式（5.12）については

$$m_Y=(2\,550+6\,250+\cdots+5\,840)\div 6=4\,595$$

より

$$\sum_{i=1}^{n}\left(Y_i-m_Y\right)^2=(2\,550-4\,595)^2+(6\,250-4\,595)^2+\cdots+(5\,840-4\,595)^2$$
$$=9\,972\,550$$

が得られる。よって，式（5.11）より

$$R^2=1-128\,800\div 9\,972\,550=0.987\,08\cdots$$

つまり，$R^2\fallingdotseq 0.987\,1$ となる。これは，被説明変数 Y の変動のうち，予測式で説明できる変動の割合が約99%であることを意味し，予測式の精度は非常に高いといえる。 □

これまでは単回帰分析を取り上げてきたが，次に重回帰分析による売上予測について考えよう。

【例題5.3】 新興のファミリーレストラン「ロンヤスポスト」は，2015年度末の時点で5店舗を展開していて，それらの店舗面積〔m^2〕，駐車可能台数〔台〕，2015年度の売上高〔百万円〕は**表5.2**のとおりである。

「ロンヤスポスト」は，近年の「おひとりさま」の潮流を受けて，2016年度に駐車スペースのない駅前の小型店舗（100 m^2）を開店予定である。売上高が店舗面積と駐車可能台数から影響を受けると仮定して，新店舗の2016年度の売上高を予測しなさい。また，得られた予測式の精度について検討しなさい。

表 5.2　5 店舗の店舗面積，駐車可能台数，売上高

店　舗	店舗面積	駐車可能台数	売上高
A 店	275	30	35.5
B 店	395	25	40.3
C 店	205	25	31.7
D 店	305	35	37.2
E 店	320	10	35.3

（解説）　この例題には，説明変数として「店舗面積」と「駐車可能台数」の 2 つがあるので，重回帰分析を適用することになる。一般に，重回帰分析は，k 個の説明変数 X_1，X_2，…，X_k と被説明変数 Y に対して，**表 5.3** のような n 組のデータが得られていることを前提とする。

表 5.3　重回帰分析に必要なデータ

データ No.	X_1	X_2	…	X_k	Y
1	X_{11}	X_{12}	…	X_{1k}	Y_1
2	X_{21}	X_{22}	…	X_{2k}	Y_2
⋮	⋮	⋮		⋮	⋮
n	X_{n1}	X_{n2}	…	X_{nk}	Y_n

ここで，X_{ij} は i 番目の物件（この例題では店舗）における j 番目の説明変数 X_j の値を表す。そして，これらのデータから，関係式

$$Y = a_1X_1 + a_2X_2 + \cdots + a_kX_k + b$$

を最小 2 乗（自乗）法で求めることを考える。最小 2 乗法の考え方は，単回帰分析のときとまったく同じであり，i 番目のデータに対する残差 e_i を

$$e_i = Y_i - \left(a_1X_{i1} + a_2X_{i2} + \cdots + a_kX_{ik} + b\right) \tag{5.13}$$

と定義し，残差 2 乗和

$$\sum_{i=1}^{n} {e_i}^2 = {e_1}^2 + {e_2}^2 + \cdots + {e_n}^2 \tag{5.14}$$

を最小にするような a_1，a_2，…，a_k，b（最小 2 乗推定量）を求めるのが目的である。この最小 2 乗推定量は，次の正規方程式を解いて得られることが知られて

いる。

$$\sum_{i=1}^{n} Y_i = \left(\sum_{i=1}^{n} X_{i1}\right)a_1 + \left(\sum_{i=1}^{n} X_{i2}\right)a_2 + \cdots + \left(\sum_{i=1}^{n} X_{ik}\right)a_k + nb$$

$$\sum_{i=1}^{n} X_{i1} Y_i = \left(\sum_{i=1}^{n} X_{i1}^{2}\right)a_1 + \left(\sum_{i=1}^{n} X_{i1}X_{i2}\right)a_2 + \cdots + \left(\sum_{i=1}^{n} X_{i1}X_{ik}\right)a_k + \left(\sum_{i=1}^{n} X_{i1}\right)b$$

$$\sum_{i=1}^{n} X_{i2} Y_i = \left(\sum_{i=1}^{n} X_{i2}X_{i1}\right)a_1 + \left(\sum_{i=1}^{n} X_{i2}^{2}\right)a_2 + \cdots + \left(\sum_{i=1}^{n} X_{i2}X_{ik}\right)a_k + \left(\sum_{i=1}^{n} X_{i2}\right)b$$

$$\vdots$$

$$\sum_{i=1}^{n} X_{ik} Y_i = \left(\sum_{i=1}^{n} X_{ik}X_{i1}\right)a_1 + \left(\sum_{i=1}^{n} X_{ik}X_{i2}\right)a_2 + \cdots + \left(\sum_{i=1}^{n} X_{ik}^{2}\right)a_k + \left(\sum_{i=1}^{n} X_{ik}\right)b$$

この $k+1$ 本の連立一次方程式を手計算で解くのは，もはやお手上げであろうから，巻末付録で紹介するExcelの分析ツールなどを利用するとよい。各説明変数に対する将来の値が $\left(X_1,\ X_2,\ \cdots,\ X_n\right) = \left(X_{01},\ X_{02},\ \cdots,\ X_{0k}\right)$ と見込まれるとき，被説明変数 Y の予測値は $a_1X_{01} + a_2X_{02} + \cdots + a_kX_{0k} + b$ とするのが自然である。予測式の精度については，単回帰分析のときと同様に決定係数

$$R^2 = 1 - \frac{\sum_{i=1}^{n} e_i^{\,2}}{\sum_{i=1}^{n} \left(Y_i - m_Y\right)^2} \tag{5.15}$$

で判断すればよい。

（解答） 店舗面積を X_1，駐車可能台数を X_2，売上高を Y とおく。付録「A2.2 分析ツールによる回帰分析」のようにデータを入力して，分析ツールを実行すると，**図 5.5** のような出力が得られる。

この結果から，次のような予測式が得られたことになる。

$$Y = 0.045\,081X_1 + 0.105\,444X_2 + 19.839\,7 \tag{5.16}$$

2016 年度開店予定の新店舗は，$\left(X_1,\ X_2\right) = (100,\ 0)$ を予定しているので，これを予測式（5.16）に代入して $Y = 0.045\,081 \times 100 + 19.839\,7 = 24.347\,7\cdots$ が得られる。つまり，新店舗の売上高は約 24.3〔百万円〕と予測できる。

また，図 5.5 より，この予測式の決定係数は $R^2 = 0.999\,557\cdots$，つまりほぼ 1 であり，予測式としての精度は極めて高いといえる。

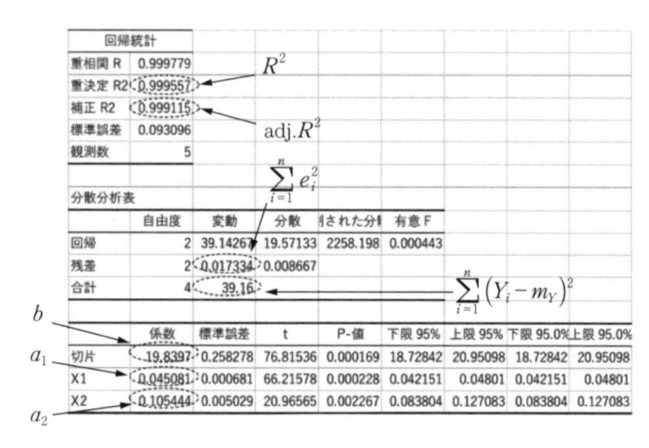

回帰統計	
重相関 R	0.999779
重決定 R2	0.999557
補正 R2	0.999115
標準誤差	0.093096
観測数	5

分散分析表

	自由度	変動	分散	された分	有意 F
回帰	2	39.14267	19.57133	2258.198	0.000443
残差	2	0.017334	0.008667		
合計	4	39.16			

	係数	標準誤差	t	P-値	下限 95%	上限 95%	下限 95.0%	上限 95.0%
切片	19.8397	0.258278	76.81536	0.000169	18.72842	20.95098	18.72842	20.95098
X1	0.045081	0.000681	66.21578	0.000228	0.042151	0.04801	0.042151	0.04801
X2	0.105444	0.005029	20.96565	0.002267	0.083804	0.127083	0.083804	0.127083

図 5.5　例題 5.3 のデータを「分析ツール」で重回帰分析した結果

□

なお，図 5.5 にある adj.R^2 については，次節で詳しく述べる。

5.3　予測式の選択

【例題 5.4】　例題 5.3 では，「売上高が店舗面積と駐車可能台数から影響を受ける」と仮定したが，これも含めて予測式には**表 5.4** の 3 パターンが考えられる。この中で，どのパターンが最良の予測式であるか検討しなさい。

表 5.4　予測式のパターン

パターン	被説明変数	説明変数	分析方法
1	売上高	店舗面積	単回帰分析
2		駐車可能台数	
3		店舗面積，駐車可能台数	重回帰分析

（解説）　予測式を考える場合，説明変数が多いほど良い予測式とは限らない。注目する被説明変数が，本質的にどの変数の影響を受けているかを判断することも回帰分析の大きな目的であり，そのためには予測式はシンプルなほうがよい。また，本質的に無関係な変数を説明変数に加えてしまうと，余計なゴミを

混ぜ込んでしまうようなもので，予測に悪影響を及ぼしかねない。

ところで，予測式の精度を測る尺度として決定係数 R^2 を紹介したが，これには1つの欠点がある。それは，被説明変数とまったく無関係な変数を説明変数に追加しても，決定係数は単調に増加してしまうことである。そこで，説明変数の増加がペナルティとなるような尺度として，次のような**自由度修正済み決定係数** adj.R^2 がある。

$$\text{adj.}R^2 = 1 - \frac{\left(\sum_{i=1}^{n} e_i{}^2\right) \div (n-k-1)}{\left(\sum_{i=1}^{n} \left(Y_i - m_Y\right)^2\right) \div (n-1)} \tag{5.17}$$

説明変数の数 k が異なる予測式の良し悪しを比較する場合は，決定係数 R^2 ではなく自由度修正済み決定係数 adj.R^2 を用いるべきである。

（**解答**） 各パターンについて，Excel の分析ツールで回帰分析を実行すると，**図 5.6** のような出力が得られる。

回帰統計	
重相関 R	0.949882
重決定 R2	0.902275
補正 R2	0.8697
標準誤差	1.129439
観測数	5

パターン 1

回帰統計	
重相関 R	0.170834
重決定 R2	0.029184
補正 R2	-0.29442
標準誤差	3.559829
観測数	5

パターン 2

回帰統計	
重相関 R	0.999779
重決定 R2	0.999557
補正 R2	0.999115
標準誤差	0.093096
観測数	5

パターン 3

図 5.6 各パターンごとの adj.R^2 の値（点線内）

この結果から，adj.R^2 が一番大きいのはパターン3となる。つまり，例題5.3で求めた予測式（5.16）が，3つのパターンの中で一番精度が良いことがわかる。 □

なお，決定係数 R^2 は負の値をとることはないが，自由度修正済み決定係数 adj.R^2 は，図 5.6 のパターン2のように負の値をとることがありうる。

〈**参考**〉 予測式の良さとして，本書では「決定係数」と「自由度修正済み決定係数」だけを取り上げた。しかし，図 5.5 の出力が示唆するように，「良さ」

を表す尺度はほかにもある。予測式全体の良さを表すものとしては，図5.5の「分散分析表」内の「有意F」がある。また，各説明変数の有意性（被説明変数に影響を与えていること）の尺度としては，図5.5の一番下の表内にある「P-値」がある。いずれも値が小さいほど「良い」あるいは「有意である」ことを示す。これらの値を正確に解釈するには，確率・統計分野の「仮説検定」に関する知識が必要となるので，関心がある読者はその方面の文献を参考にされたい。

演　習　課　題

【課題5.1】　ある工場において，過去4カ月の月別の機械運転時間と電気料金に関する実績データが，**表5.5**のように得られている。このデータに基づき，最小自乗法により固変分解を行い，変動費率と月間固定費を求めなさい。（問題出典：鶴[4]，一部改変）

表5.5　4カ月間の機械運転時間と電気料金

	1月	2月	3月	4月
機械運転時間〔分〕	30 000	33 000	32 000	35 000
電気料金〔円〕	51 500	56 000	54 500	58 000

【課題5.2】　ドラッグストアチェーン「マツモトタカシ」は，2015年度末の時点で**表5.6**のように12店舗を展開している。

「マツモトタカシ」は，2016年度に13番目の新店舗Mをオープンする予定である。新店舗Mの売り場面積は300 m^2，最寄駅からの距離は1 800 m，従業員数は20人である。以下の問いに答えなさい。

① 売上高をY，売り場面積をX_1，最寄駅からの距離をX_2，従業員数をX_3とする。予測式として**表5.7**の7パターンがある。各パターンごとに回帰分析を行い，自由度修正済み決定係数adj.R^2を計算しなさい。

表 5.6　12 店舗の売上高，売り場面積，最寄駅からの距離，従業員数

店名	売上高〔千円 / 日〕	売り場面積〔m^2〕	最寄駅距離〔m〕	従業員数〔人〕
A	1 300	336	1 050	30
B	877	255	2 560	19
C	1 203	310	1 220	28
D	561	189	2 311	18
E	662	198	1 215	18
F	1 020	303	1 780	22
G	795	200	875	18
H	1 150	302	2 534	25
I	967	277	711	20
J	880	260	1 600	18
K	1 545	408	500	34
L	1 003	287	820	23

表 5.7　予測式のパターン

<table>
<tr><th>パターン</th><th>被説明変数</th><th>説明変数</th><th>分析方法</th></tr>
<tr><td>1</td><td rowspan="7">Y</td><td>X_1</td><td rowspan="3">単回帰分析</td></tr>
<tr><td>2</td><td>X_2</td></tr>
<tr><td>3</td><td>X_3</td></tr>
<tr><td>4</td><td>X_1，X_2</td><td rowspan="4">重回帰分析</td></tr>
<tr><td>5</td><td>X_1，X_3</td></tr>
<tr><td>6</td><td>X_2，X_3</td></tr>
<tr><td>7</td><td>X_1，X_2，X_3</td></tr>
</table>

②　adj.R^2 が最大のパターンを選び，その予測式を求めなさい。

③　上記②で求めた予測式を用いて，2016 年度の新店舗 M の売上高を予測しなさい。

補　　　足

単回帰分析における最小 2 乗推定量は，次の式 (5.1)，(5.2)（再掲）からなる正規方程式を a，b について解いて得られることを述べた。

$$\sum_{i=1}^{n} Y_i = \left(\sum_{i=1}^{n} X_i\right) a + nb \tag{5.1}$$

$$\sum_{i=1}^{n} X_i Y_i = \left(\sum_{i=1}^{n} X_i^{\ 2}\right) a + \left(\sum_{i=1}^{n} X_i\right) b \tag{5.2}$$

その理由を述べよう。まず復習として，二次方程式 $y = ax^2 + bx + c$ は次のように変形できる。

$$y = a\left(x + \frac{b}{2a}\right)^2 + \frac{4ac - b^2}{4a} \tag{5.18}$$

この変形を**平方完成**という。$a>0$ を仮定すると，x が $x + \frac{b}{2a} = 0$ を満たさないと y は $\frac{4ac - b^2}{4a}$ より大きくなる，言い換えれば，$x = -\frac{b}{2a}$ のとき y は最小値 $\frac{4ac - b^2}{4a}$ をとる。

以上に注意し，残差 2 乗和

$$\sum_{i=1}^{n} e_i^{\ 2} = \sum_{i=1}^{n} \left(Y_i - (aX_i + b)\right)^2 \tag{5.19}$$

を変形してみよう。なお，これ以降 $\sum_{i=1}^{n}$ を $\sum$ と略記する。式 (5.19) の右辺を a で整理して平方完成すると，以下が得られる。

$$\begin{aligned}\sum e_i^{\ 2} &= \left(\sum X_i^{\ 2}\right) a^2 - 2\left(\sum X_i Y_i - b\sum X_i\right) a + \sum \left(Y_i - b\right)^2 \\ &= \left(\sum X_i^{\ 2}\right)\left\{a - \frac{\sum X_i Y_i - b\sum X_i}{\sum X_i^{\ 2}}\right\}^2 + \sum \left(Y_i - b\right)^2 - \frac{\left(\sum X_i Y_i - b\sum X_i\right)^2}{\sum X_i^{\ 2}}\end{aligned}$$

これは，$a - \frac{\sum X_i Y_i - b\sum X_i}{\sum X_i^{\ 2}} = 0$ が成り立たなければ，$\sum e_i^{\ 2}$ は最小にならないことを意味する。よって，$a = \frac{\sum X_i Y_i - b\sum X_i}{\sum X_i^{\ 2}}$，つまり

$$\sum X_i Y_i = a\sum X_i^{\ 2} + b\sum X_i$$

が成り立たないといけないが，これは式 (5.2) と同値である。一方，式 (5.19) の右辺を b で整理して平方完成すると，以下が得られる。

$$\sum e_i^{\ 2} = nb^2 - 2\left(\sum Y_i - a\sum X_i\right) b + \sum \left(Y_i - aX_i\right)^2$$

$$=n\left\{b-\frac{\sum Y_i-a\sum X_i}{n}\right\}^2+\sum\left(Y_i-aX_i\right)^2-\frac{\left(\sum Y_i-a\sum X_i\right)^2}{n}$$

これは，$b-\dfrac{\sum Y_i-a\sum X_i}{n}=0$ が成り立たなければ，$\sum e_i{}^2$ は最小にならないことを意味する。よって，$b=\dfrac{\sum Y_i-a\sum X_i}{n}$，つまり

$$\sum Y_i=a\sum X_i+bn$$

が成り立たないといけないが，これは式(5.1)と同値である。以上により，$\sum e_i{}^2$ が最小になるためには，a，b が式(5.1)，(5.2)を同時に満たす必要がある。

さらに勉強するために

本書では，予測の手法として「因果分析」を取り上げたが，本書で取り上げなかった「時系列分析」は高度な数学で語られることが多い。「時系列分析」の初等的な解説は，例えば文献3)，5)でみることができる。予測を表計算ソフトExcelで実行する方法は，文献1)，3)などで取り上げられている。特に文献1)は，図5.5のように出力される数値について，もう少し詳しい解説を加えている。なお，予測に活用される「最小2乗法」は，実は汎用的な（使い道の広い）手法であり，意外にも会計学の分野でも活用される。詳しくは文献2)，4)などを参照されたい。

参考文献

1)　荒木勉（監）・穴沢務（著）：Excelで学ぶ経営科学入門シリーズⅢ　データ解析，実教出版（2000）
2)　倉地裕行：サクッとうかる日商1級工業簿記・原価計算3　テキスト，ネットスクール（2010）
3)　多田実・平川理絵子・大西正和・長坂悦敬：Excelで学ぶ経営科学，オーム社（2003）
4)　鷂日出郎：原価計算論，創成社（2001）
5)　宮川公男：経営情報入門，実教出版（1999）

在　庫　管　理

「在庫管理」はORでは古典的ともいえるテーマであるが，今日でも在庫はビジネスの現場で確実に存在し，今後も向き合わなければならない問題である。一般に「在庫」には負のイメージが付きまとうが，特に小売店では在庫が尽きて品切れ状態になると信用の低下にもつながりかねず，ある程度は確保しておく必要がある。

流通システムが発達した今日，在庫管理の手法は高度化している。しかし，在庫管理の目的自体は大きく変化したわけではなく，在庫に関わる費用を最小限に抑えることと，できるだけ品切れを起こさないような発注方式を決めること，この2点が本質的といえよう。本書では，平易な例題を用いて，在庫管理のエッセンスを考えることにする。

6.1　在庫管理について

一般に，生産や販売などのために複数個保有する物品（商品，中間製品，材料など）を**在庫**という。在庫はさまざまな現場で発生する。例えば，組立工場では部品工場から納入した部品を倉庫で一時的に保管し，必要に応じて生産ラインに投入するであろう。また，小売店では市場や生産地から仕入れた商品を冷蔵庫などに保管し，顧客の購入に備えるであろう。

在庫は多すぎても少なすぎてもいけない。在庫が多すぎると，商品の劣化や売れ残りが発生したり，在庫の維持費が高騰したりする。逆に，在庫が少なすぎると，品切れによる売上機会の損失や「あの店は欲しいときに欲しいものがない」という信用低下を招きかねない。在庫量を適正に保つための，発注量および発注時期を定めるのが，**在庫管理**の大きな目的である。

在庫管理に関連して，さまざまな費用（コスト）が考えられる。まず，1回の調達ごとにかかる費用，つまり**調達費用**（または**発注費用**）がある。これは主として，商品の発注にかかる通信費や輸送費を指す。単純化のために，調達費用は1回の発注量に依存しないと仮定する。次に，在庫を維持するための費用，つまり**在庫維持費用**がある。これには，在庫の保管にかかる費用はもちろん，消耗や劣化で生じる損失，在庫にかける損害保険料なども含まれる。在庫管理に関しては，これら2つ（調達費用と在庫維持費用）を主として考える。その他にも，売り残りが発生したときの損失または費用を含む過剰在庫費用や，品切れのため本来入るはずだった利益を失ったことによる費用として機会費用などが挙げられるが，本書の例題ではそれらを捨象して考える。

在庫管理問題は，次の3つのケースに大別できる。

- **ケース1**（需要が確定的で，在庫の補充が繰り返し必要な場合）：工場での生産のように，生産量があらかじめ決められている場合の，部品の在庫管理。
- **ケース2**（需要が不確定的で，在庫の補充が繰り返し必要な場合）：コンビニなどの小売店で普通に起こる，商品の在庫管理。
- **ケース3**（需要が不確定的で，在庫の補充が必要ない場合）：商品を1回だけ入荷して販売する場合で，「新聞売り子問題」や「クリスマスツリー問題」と呼ばれる。

本書ではケース1，2を取り上げる（ケース3は数学的にも興味深い内容だが他書に譲る)。ここで，需要が確定的な場合と不確定的な場合の違いをみておこう。

確定的な需要として，例えば組立工場における部品が挙げられる。工場の部品は，日々の使用量があらかじめ計画されていることが多く，その場合は**図6.1**（a）のように在庫量が日々一定の量だけ減少する。一方，不確定的な需要の代表格は，小売店における商品である。これは，日々の売上を確実に予測

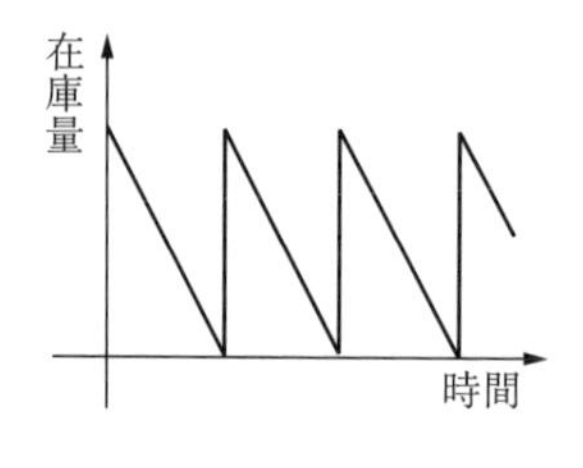

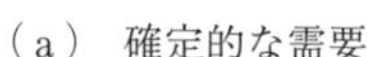

（a） 確定的な需要

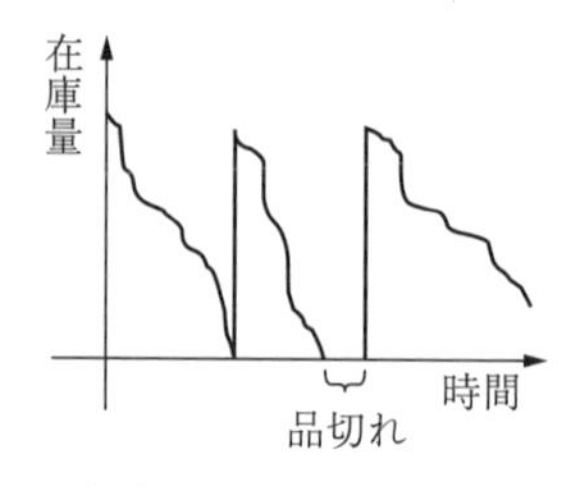

（b） 不確定的な需要

図 6.1　需要の種類と在庫の減り方

できないため，図 6.1（b）のように在庫量の減り方に緩急が発生する。そして，予想外に大量の売上があったとき，品切れが生じる可能性がある。

6.2　需要が確定的な場合

まず，需要が確定的で，在庫の補充が繰り返し必要な場合の在庫管理について考えよう。

【例題 6.1】　A 工場では，毎月同じ量の製品を生産している。その生産に必要な部品を定期的に補充したい。1 年間に必要な部品の個数は 1 200 個である。部品の調達費用（発注費用）は，発注量にかかわらず 1 回当り 200 円である。部品を 1 年間保管するのにかかる在庫維持費用は 1 個につき 5 円である。このような条件で，在庫に関する年間総費用が最小になるような，1 回当りの発注量と発注回数を求めなさい。ただし，発注は毎回 100 個単位で行うとする。

（解説）　毎回の発注量を Q〔個〕とおき，Q と在庫に関わる費用の関係を考えてみよう。例として，$Q=600$ と $Q=400$ の 2 つの場合を比較してみよう。

A 工場における年間の平均在庫量は，**図 6.2**（a），（b）のいずれにしても，横軸と右下がりの直線で囲まれたのこぎり形の面積に相当する。つまり，年間平均在庫量は $Q/2$ であり，Q に比例する。一方，発注回数については，A 工場では年間 1 200 個の部品を要することに注意しよう。図 6.2（a）のように，

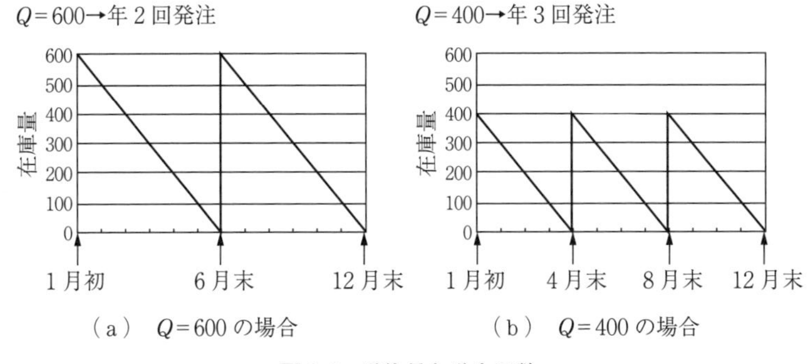

（a）　Q=600の場合　（b）　Q=400の場合

図6.2　発注量と発生回数

Q=600の場合は年間に2回の部品発注が必要になり，図6.2（b）のように，Q=400の場合は3回の発注を要する。つまり，年間の発注回数は1 200/Qであり，Qに反比例する。もう少し一般化してみよう。1年間の部品の需要量をD（この場合D=1 200），部品1個当りの年間在庫維持費用をC（この場合C=5），1回当りの発注費用をH（この場合H=200），年間在庫総費用をZとおく。このZは在庫維持費用と発注費用の合計であると仮定して，Qの関数で表してみよう。在庫維持費用については，1年間保管するのにC円かかる部品を年間平均Q/2個保管するので

$$\text{年間在庫維持費用} = \frac{CQ}{2}$$

が得られる（つまりQに比例する）。一方，発注費用は，1回当りH円かかる発注を年にD/Q回行うので

$$\text{年間発注費用} = \frac{HD}{Q}$$

となる（つまりQに反比例する）。以上により，年間在庫総費用Zは

$$Z = \text{年間在庫維持費用} + \text{年間発注費用} = \frac{CQ}{2} + \frac{HD}{Q} \tag{6.1}$$

と表せる。このZを最小にするQの値を求めたい。なお，発注量Qと各費用の関係は**図6.3**のように表せる（太い実線が式（6.1）のグラフである）。

（**解答**）　式（6.1）はQの関数なので，Qの定義域と合わせて改めて

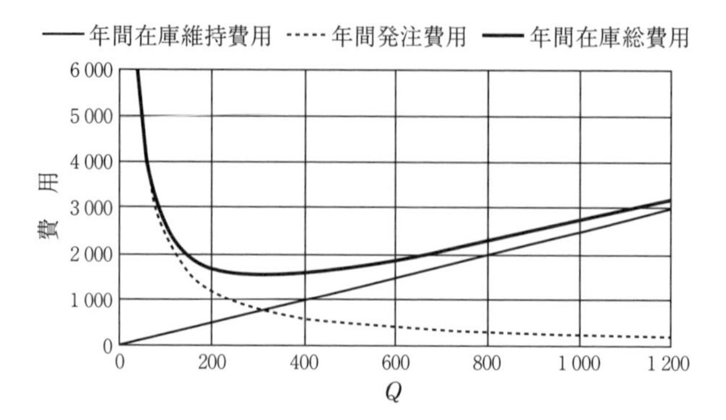

図 6.3　発注量 Q と，在庫に関する各費用との関係

$$Z=f(Q)=\frac{CQ}{2}+\frac{HD}{Q}\quad (Q>0) \tag{6.2}$$

とおく。関数 $f(Q)$ の値を最小にする Q の値の求め方にはいろいろあるが，ここでは微分を応用して増減表を書く方法で求めてみよう（詳しくは付録「A1.5　最大・最小と微分」を参照）。まず，導関数 $f'(Q)$ の値が 0 となる Q の値を求めよう。

$$f'(Q)=\left(\frac{CQ}{2}+\frac{HD}{Q}\right)'=\left(\frac{CQ}{2}\right)'+\left(\frac{HD}{Q}\right)'=\frac{C}{2}-\frac{HD}{Q^2}=0 \tag{6.3}$$

式 (6.3) における最後の等式を Q について解くと，定義域が $Q>0$ なので

$$Q=\sqrt{\frac{2HD}{C}} \tag{6.4}$$

が得られる。ここで式 (6.4) の右辺を Q^* とおく（つまり $f'\left(Q^*\right)=0$）。次に，$Q=Q^*$ の前後における導関数 $f'(Q)$ の符号を調べよう。ここで，式 (6.3) より

$$f'(Q)=\frac{CQ^2-2HD}{2Q^2}$$

と表せることに注意しよう。Q が $0<Q<Q^*$ を満たすとき

$$Q^2<(Q^*)^2\left(=\frac{2HD}{C}\right)\Leftrightarrow CQ^2<2HD$$

ゆえに $f'(Q)<0$ となる。一方，$Q>Q^*$ を満たすとき，同様に

$$Q^2>(Q^*)^2\left(=\frac{2HD}{C}\right)\Leftrightarrow CQ^2>2HD$$

ゆえに $f'(Q)>0$ となる。最後に $f\left(Q^*\right)$ の値は式 (6.2) に式 (6.4) の右辺を代入して

$$f\left(Q^*\right)=\frac{C}{2}\sqrt{\frac{2HD}{C}}+HD\sqrt{\frac{C}{2HD}}=\sqrt{\frac{C^2}{4}\cdot\frac{2HD}{C}}+\sqrt{(HD)^2\cdot\frac{C}{2HD}}$$
$$=\sqrt{\frac{CHD}{2}}+\sqrt{\frac{CDH}{2}}=\sqrt{2CHD}$$

と得られる。以上をまとめると，関数 $f(Q)$ の増減表は**表 6.1** のようになる。

表 6.1 $f(Q)$ の増減表

Q	0		$Q^*=\sqrt{2HD/C}$	
$f'(Q)$	／	−	0	+
$f(Q)$	／	↘	極小値 $\sqrt{2CHD}$	↗

なお，$Q=0$ に対する $f(Q)$ の値は定義されないので，増減表においてはそのことを斜線で表している。定義域には端点がないので，極小値 $f\left(Q^*\right)=\sqrt{2CHD}$ が関数 $f(Q)$ の最小値でもある。$f(Q)$ を最小にする発注量 $Q^*=\sqrt{\frac{2HD}{C}}$ を**経済発注量**（economic order quantity：**EOQ**）という。この公式に，$D=1\,200$, $H=200$, $C=5$ を代入すると

$$Q^*=\sqrt{\frac{2\times200\times1\,200}{5}}=309.838\,6\cdots$$

が得られる。しかし，これは公式から直接得られる理論解である。A 工場では 100 個単位で発注をしているので，EOQ の実用解は 300 個である。そのとき，年間の発注回数は 1 200÷300＝4 回となる。 □

なお，EOQ の導出方法は上記以外にもある。ある簿記検定の教科書には，EOQ は

$$\frac{CQ}{2}=\frac{HD}{Q} \tag{6.5}$$

を Q について解いて得られるとしている。確かにそうなのだが，ではなぜ式 (6.5) の解が EOQ なのか？ その答えについては章末の「補足」を参照されたい。

6.3 需要が不確定的な場合

次に，需要が不確定的で，在庫の補充が繰り返し必要な場合の在庫管理について考えよう。これは，コンビニなどの小売店で起こりうる問題である。

【例題 6.2】 ホームセンター「ジョイレス恩田」では，特殊な乾電池の仕入と販売を行っている。前年の乾電池の売上個数は全部で 2 713 個，1 日の売上の平均は 7.4 個，標準偏差は 2 個であった。売上個数の具体的な分布は**図 6.4** のとおりである。

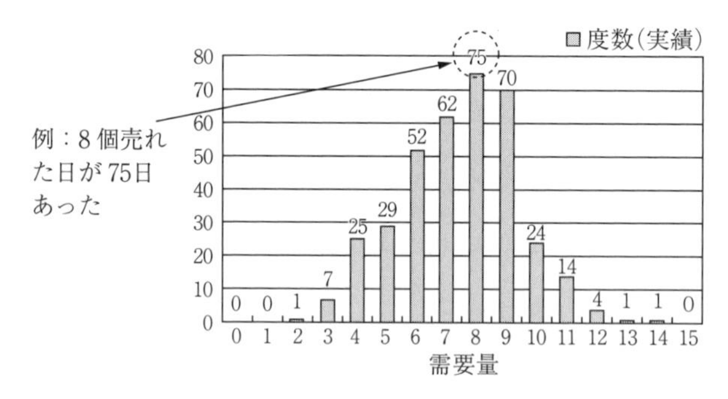

図 6.4 前年の乾電池の売上分布

また，1 回の発注でかかる費用は（個数にかかわらず）40 円，乾電池を 1 年間保管するのにかかる在庫維持費用は 1 個当り 5 円とする。さらに，乾電池の調達期間は 5 日間である。品切れが起こる確率が 5% 以下になるような発注方式を検討しなさい。

（解説） 今度の例題は，乾電池の日々の売上個数にばらつきがある上に，**調達期間**，つまり物品を発注してから実際に入荷されるまでのタイムラグがあることで，話が複雑になっている（調達期間を**リードタイム**ともいう）。もし売上個数が日々一定ならば，調達期間があってもなくても，品切れを起こさずに入荷が可能である。しかし，このケースでは，在庫に余裕があるうちに発注をしても，調達期間に大量の売上が発生して品切れが起こるのを，完全に防ぐことはできない。だから，品切れ確率をある小さな値（例えば5%）以下になるよう努力するのが精一杯なのである。

ところで，発注方式は次の２つに大別できる。１つ目は，在庫が一定水準まで減ったときに一定量を発注する方式で，**定量発注法**（または**発注点法**）という。２つ目は，発注時期を定期的に固定し，発注時点ごとに存在している在庫量と基準となる在庫量の差を発注する方式で，**定期発注法**という。両者の違いをまとめると**表 6.2** のようになる。本書では定量発注法のみを取り上げる。

表 6.2　各発注方式の発注間隔と発注量

発注方式	発注間隔	発注量
定量発注法	まちまち	一定
定期発注法	一定	まちまち

定量発注法の基本的な考え方は，次のとおりである。毎回の発注量を Q，調達期間を L とおく。**図 6.5** のように，あらかじめ**発注点**，つまり発注をする基準となる在庫量を決めておき，在庫量が発注点まで減少したとき発注を行う。

発注してから L 日後に，一定量 Q が入荷される。ただし，L 日間の需要が予想以上に多い場合は，図 6.5 のように品切れが発生してしまう。発注点を高く設定すれば，品切れ確率は低くなるが，平均在庫量は多くなる。逆に発注点を

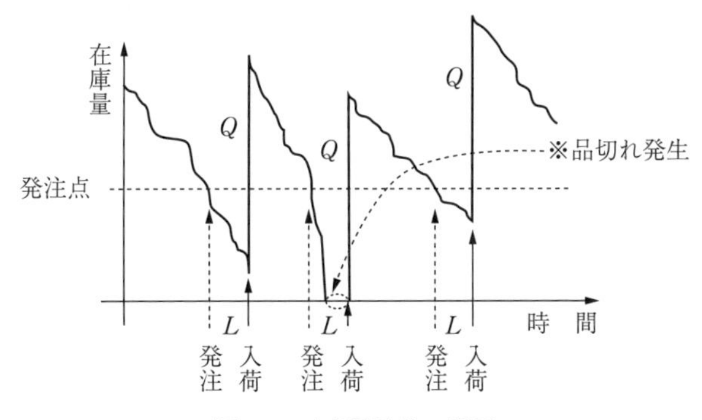

図 6.5　定量発注法の概要

低く設定すれば，平均在庫量は少なくなるが，品切れ確率は高くなる。そこで，品切れ確率が5%以下という条件で，できるだけ低い発注点を求めたい。

本書では，① 発注量を決定してから，② 発注点を決定する，という２段階で考えることにする。①については，経済発注量EOQの公式（式(6.4)）を用いればよい。②については，売上個数の分布を精査する必要がある。図6.4は，前年の売上個数の分布を示しているが，もしもっと長い期間（例えば10年間）の売上データがあったならば，その分布は**図6.6**のような平均7.4，標準偏差2（分散2^2）の正規分布（$N(7.4, 2^2)$と略記）で近似できたであろう†1。

発注点を考える場合は，図6.4のような実績データに基づく分布よりも，図6.6のような平滑な確率分布を用いるほうがよい。なぜならば，少ない個数の実績データは，長期的予測が困難な不規則要因（例えば天候や交通状況など）が強く反映されており，それをそのまま将来の計画に用いるのは不適切だからである。また，正規分布を用いること自体に大きなメリットがある。確率変数Xが平均μ，標準偏差σ（分散σ^2）の正規分布に従う，つまり$X \sim N(\mu, \sigma^2)$のとき，$\Pr\{X \geqq c\}=0.05$（5%）となるようなcの値は必ず$\mu+1.645\sigma$となる（**図6.7**）。

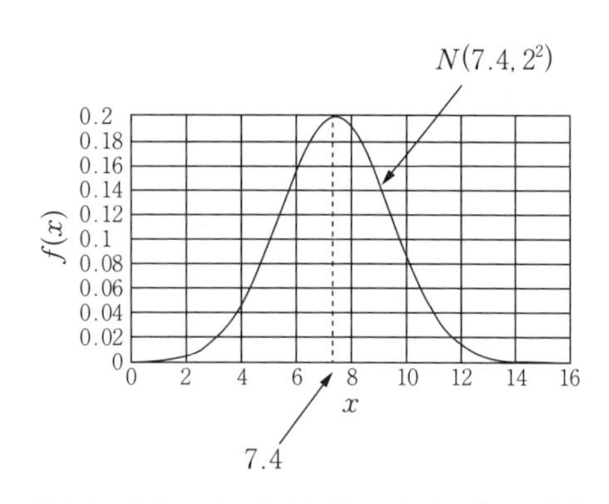

図6.6　平均7.4，標準偏差2（分散2^2）の正規分布の密度関数

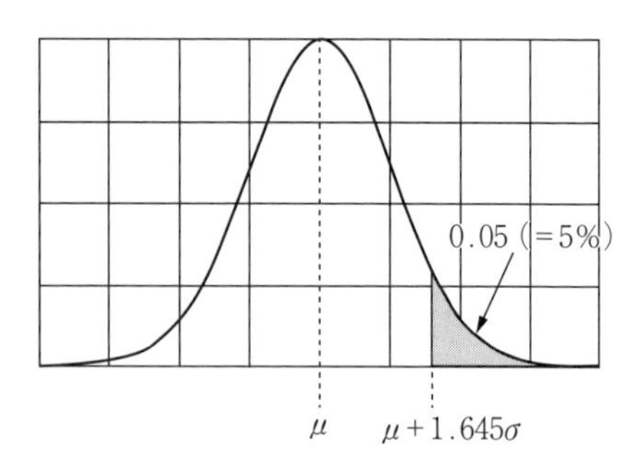

図6.7　$\Pr\{X \geqq \mu+1.645\sigma\}=0.05$の意味

このことも含めて，正規分布で

†1　**分散**とは，標準偏差を２乗して得られる値である。

は以下の関係が，μ や σ の値にかかわりなく成り立つ。だから，正規分布はさまざまな分野で活用できるのである。

$$\Pr\{X \geqq \mu + 1.282\sigma\} = 0.10 \tag{6.6}$$

$$\Pr\{X \geqq \mu + 1.645\sigma\} = 0.05 \tag{6.7}$$

$$\Pr\{X \geqq \mu + 2.326\sigma\} = 0.01 \tag{6.8}$$

この例題では，品切れ確率の目標が5%（=0.05）であることから，式(6.7)をあとで活用することになる。もう1つ，正規分布がもつ次の性質を活用する。1日の売上個数が平均 μ，標準偏差 σ（分散 σ^2）の正規分布に従うとき，n 日間の売上個数 S_n は平均 $n\mu$，標準偏差 $\sqrt{n}\,\sigma$（分散 $n\sigma^2$）の正規分布に従う，つまり

$$S_n \sim N(n\mu, n\sigma^2) \tag{6.9}$$

が成り立つ。

（解答）　まず，経済発注量EOQを求めよう。題意より，1回の発注にかかる費用は $H=40$〔円〕，乾電池を1年間保管するのにかかる費用は1個当り $C=5$〔円〕，乾電池の需要量は $D=2\,713$ 個とおいて，式(6.4)に代入すれば，EOQの理論解は

$$Q^* = \sqrt{\frac{2HD}{C}} = \sqrt{\frac{2\times 40\times 2\,713}{5}} = 208.345\cdots$$

となる。さらに $Q=208$ のとき，年間在庫総費用は

$$f(Q) = \frac{CQ}{2} + \frac{HD}{Q} = \frac{5\times 208}{2} + \frac{40\times 2\,713}{208} = 1\,041.730\,7\cdots$$

$Q=209$ のときは

$$f(Q) = \frac{CQ}{2} + \frac{HD}{Q} = \frac{5\times 209}{2} + \frac{40\times 2\,713}{209} = 1\,041.734\,4\cdots$$

となるので，EOQの実用解は208個となる。

次に，発注点を決定する。1日当りの売上個数の平均を μ（=7.4），標準偏差を σ（=2），調達期間の L（=5）日間の売上個数を S_L とおけば，式(6.9)より

$$S_L \sim N(L\mu, L\sigma^2) \tag{6.10}$$

つまり L 日間の売上個数の平均は $L\mu$，標準偏差は $\sqrt{L}\sigma$ である。よって，発注点を $L\mu$ としてもよいように思えるが，そうすると**図 6.8**（a）のように品切れ確率が 0.5（=50%）になってしまう。

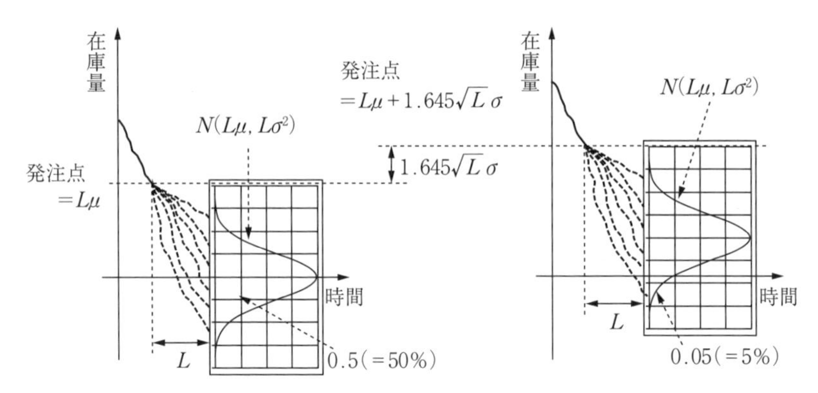

（a）発注点を $L\mu$ とした場合　　　（b）$L\mu$ に安全余裕を加えた場合

図 6.8　発注点と品切れ率

一方，$L\mu$ に $1.645\sqrt{L}\sigma$（これを**安全余裕**という）を上乗せした値以上で発注点を設定すると，図 6.8（b）より品切れ確率は 0.05（=5%）以下になる。まとめると，品切れ確率を 5%以下にするためには

$$\text{発注点} \geqq L\mu+1.645\sqrt{L}\sigma \tag{6.11}$$

と設定すればよい。式 (6.11) の右辺に問題文の値を代入すれば

$$\text{発注点} \geqq L\mu+1.645\sqrt{L}\sigma=5\times7.4+1.645\sqrt{5}\times2=44.356\cdots$$

であるが，この不等式を満たす最小の整数が発注点の実用解である。よって，発注点を 45 個とすれば，品切れ確率を 5%以下に抑えることができる。　□

演　習　課　題

【課題 6.1】　例題 6.1 の A 工場において，在庫に関わる諸経費が急騰した。部品の調達費用（発注費用）は，発注量にかかわらず 1 回当り 1 000 円に，部品を 1 年間保管するのにかかる在庫維持費用は 1 個につき 15 円にそれぞれ値上がりした。1年間に必要な部品の個数は1 200個で変わらないとして，在庫に関する年間総費用が最小になるような，1回当りの発注量と発注回数を求めなさい。ただし，発注は毎回100個単位で行うとする。

【課題6.2】　例題6.2の「ジョイレス恩田」において，乾電池の品切れ確率を1%以下に抑えるための発注点（整数）を求めなさい。なお，その他の条件は例題6.2とまったく同じとする。

（**ヒント**）　品切れ確率を5%以下にするための発注点の公式は，次のように求めた。$X \sim N(\mu, \sigma^2)$ のとき

$$\Pr\{X \geqq \mu + 1.645\sigma\} = 0.05 \qquad (6.7)（再掲）$$

が成り立つ。一方，式(6.10)，つまり $S_L \sim N(L\mu, L\sigma^2)$ が成り立つならば，式(6.7)の X を S_L に，μ を $L\mu$ に，σ を $\sqrt{L}\,\sigma$ におきかえた式，つまり

$$\Pr\left\{S_L \geqq L\mu + 1.645\sqrt{L}\,\sigma\right\} = 0.05$$

も成り立つ。これが，発注点の公式（6.11）の根拠である。よって，品切れ確率を1%以下にするための発注点の公式は，式(6.8)を用いて同様に得られるはずである。

補　　　足

関数 $f(Q) = \dfrac{CQ}{2} + \dfrac{HD}{Q}$ $(Q>0)$ の最小値を求める方法として，一部の文献には

$$\frac{CQ}{2} = \frac{HD}{Q} \qquad (6.5)（再掲）$$

を Q について解けばよいとある。その理由を示そう。読者は，高校数学で次のような**相加・相乗平均**の関係を学んだはずである。$a>0$ かつ $b>0$ のとき

$$\frac{a+b}{2} \geqq \sqrt{ab} \qquad (6.12)$$

ただし，等号が成り立つのは $a=b$ のときである。式(6.12)において，左辺を相加平均，右辺を相乗平均という。式(6.12)は

$$a+b \geqq 2\sqrt{ab} \tag{6.13}$$

と同値（まったく同じ意味）である。そこで，$\dfrac{CQ}{2}>0$，$\dfrac{HD}{Q}>0$ に注意して，

$a=\dfrac{CQ}{2}$，$b=\dfrac{HD}{Q}$ とおけば，式 (6.13) より

$$f(Q)=\frac{CQ}{2}+\frac{HD}{Q}=a+b \geqq 2\sqrt{ab}=2\sqrt{\frac{CQ}{2}\cdot\frac{HD}{Q}}=\sqrt{2CHD} \tag{6.14}$$

が得られる。つまり，$f(Q)$ はどんな Q（>0）に対しても，Q に依存しない値 $\sqrt{2CHD}$ より小さくなることがない。そして，式 (6.14) の等号が成り立つ，つまり $f(Q)=\sqrt{2CHD}$（最小値）となるのは，$a=b$，つまり $\dfrac{CQ}{2}=\dfrac{HD}{Q}$（式 (6.5)）のときである。以上により，式 (6.5) の解が $f(Q)$ を最小にする値，つまり EOQ である。このように，高校数学は意外なところで利用できるものである。

さらに勉強するために

在庫管理については，やや古いが文献 1）がかなり詳細に解説している。そこには，本書で取り上げなかった「クリスマスツリー問題」も取り上げている。ただし，読みこなすにはかなりの数学的な予備知識を要する。在庫管理は，乱数を用いたシミュレーションの格好の題材である。文献 2)，3）などに，表計算ソフト Excel によるシミュレーションの方法があるので，参考にしてほしい。

参考文献

1） 小山昭雄，森田道也：オペレーションズ・リサーチ，培風館（1980）
2） 多田実，平川理絵子，大西正和，長坂悦敬：Excel で学ぶ経営科学，オーム社（2003）
3） 藤田勝康：Excel による OR 演習，日科技連（2002）

ゲームの理論

ゲームといえば，トランプやチェスやコンピュータゲームなどが日常生活で親しまれている。そのような遊びのゲームに限らず，経済現象や企業間の自由競争，ネットオークションなどで利害の対立する競争者たちが，より大きな利益を求めてしのぎを削るようなゲーム的状況がみられる。ゲームは相手があって初めて成り立つ。ライバル同士が相手の腹の中を探りながら自分にとり都合の良い結果になるように模索する。

ゲームの理論は駆け引きを扱う学問であり，上記の状況を合理的に分析できる。チェスなどをするときは対戦相手の手を先読みし，互いの立場を考えながら，自分に有利になる作戦を練る。実生活では，国家間紛争，政党間党争，恋愛などでも，ゲームの理論を通して「**競争**」と「**協調**」の折り合い点を探索する。

7.1 ゲームの理論の基本3要素

ゲームの理論では，人間の行動や結果を数学や文字を使ってモデル化し，数理的に分析する。結果の良し悪しを好き嫌いでなく点数の大小で比べる。

好き嫌いでは人により感じ方が異なるので説明が難しいが，点数を比べると誰にも同じように説明でき理解が得られる。なぜあの人は駆け引き上手なのか，なぜあのベンチャー企業は成功したか，など言葉や感情では説明できないことが数字を使うことで理解を得られやすくなる。

ゲームの理論には数理的な分析のための共通のキーワードが3つある。それは，プレーヤ，戦略，利得である。プレーヤは参加者，戦略は参加者の行動，利得は結果の点数である。すなわち，誰が参加し，どんな行動をし，どんな結果になるか，の3点である。これをさまざまな場面に適用し分析するのがゲームの理論である。

ゲームの理論はさまざまな場所で応用されるが，基本的なアプローチは次の3ステップからなる。

・自分の行動に対して相手が反応する。

・自分と相手の行動結果がどうなるかを考える。

・最良の結果になるように自分の行動を決める。

このほかにも，ゲームの理論が成功するためには，次の3要素を解き明かすことが重要である。

①　相手の行動を読む

②　問題の細分化

③　インセンティブ（動機）の解明

以下，上記3要素を詳細にみてみる。

①　相手の行動を読む

自分の気分で「このほうが良さそう」と判断しないで，「相手の行動を読みそれに最も合うように行動する」のがゲームの理論の基礎である。同様に相手の行動も「相手にとり一番良いのでこう来る」と相手の立場になり合理的に考える。

この考え方を身につけ，何となく自分の都合のいいようには考えず，相手の立場に立つ考えを自然と身につけることができる。その結果，原因や対処が合理的になり，問題を細分化し本質的な問題に絞り込むことができる。その結果，交渉や駆け引きがうまくなる。

②　問題の細分化

問題の細分化は，物事を細かく分け本質をつかむことである。ここでは問題の細分化の実例を述べる。

【例題 7.1】 大学の講義の試験は100人の学生が受験する。ある学生はこの試験に不合格ならば留年する。しかし，試験開始30分後に1人の学生が駆け込み，試験を始めた。試験時間が終了し学生たちは列をなし答案を提出したが，学生たちが列に並ぶ間も遅刻学生は答案を書き続けた。試験終了後20分で最後の学生が提出した。直後遅刻学生が答案を提出しに来たが，教授は時間切れなので受け取らなかった。遅刻学生が教授に答案を採点させるにはどうしたらよいか。

（**解説と解答**） 学生はゲームの理論の考えを思い出し，次のように話を進めた。

「教授は私が誰だか御存知ですか？」

「知らんね。100人もいると覚えているわけはない」

学生は答案の山を持ち上げ，答案を名前が見えないように中に入れた。その結果，遅刻学生は留年を免れた。教授は名前を知らないからどれが遅刻学生のものかわからないので，採点せざるを得なかった。 □

学生の解決策にはゲームの理論のコツが隠れている。彼はまず自分の状況を見つめ直した。「教授を説得し答案を受け取らせ採点させる」ことは合格の絶対条件ではなく「自分の答案の採点」だけで十分である。教授は受取りを拒否しなければ答案がこの学生のものだとわかり，0点をつけることができた。「説得に応じず受け取らなければいい」と考えた結果，隙を突かれた。このように，日常の多くの問題は自分勝手に相手行動を決めつけることから起きる。

また物事を細かくみれば選択肢が広がり，逆転の可能性も見つかる。選択肢を狭めるとビジネスや勝負事で相手が油断しても有利に進めることは難しい。ゲームの理論では，相手の立場を考え物事を細かくみることは重要である。

③ インセンティブの解明

インセンティブは経営やビジネス，人事の分野でよく耳にする単語である。インセンティブとは動機，誘引を意味する。人がなぜ行動するかの動機の部分である。あれよりこれがいいと思う要因がインセンティブである。

例として，働いても給料が変わらない固定給と，頑張るほど給料が上がる成果給ではどちらが仕事を頑張るか。お金が欲しい人は固定給より成果給のほうが仕事を頑張ると思う。固定給より成果給のほうがインセンティブを引き出す。

ゲームの理論はインセンティブを解明する学問である。つまり「人や企業がなぜその行動をとり，なぜこの結果になるか」を探る学問である。どこが相手の行動の原因か。どうすれば相手の行動を変えられるか。どんな制度を作れば良い結果が生じるか。この考えを身につければ，突然逆上する人や不可解な行動にも理由や狙いを見出すことができる。

ゲームの理論では物事を細かくみるので原因もわかる。当然どこが原因かわかるほうが解決策は立てやすいが，ゲームの理論では考え方からすでにそれに対応している。日常の問題でも，ゲームの理論の考え方に触れることで，今まで以上に解決策を考えやすくなる。

7.2　マックスミニ原理

ここではじゃんけんゲームを通してゲームの理論の**マックスミニ原理**を述べる。じゃんけんゲームを例にとり，ゲームの理論を詳しく説明する。

【例題 7.2】　比較的簡単な2人でするじゃんけんゲームを考える。ゲームが成立するために必要なルールを列挙する。

① プレーヤの数：A，Bの2名

② 勝負の手：両者共にグー，チョキ，パーの3つの手をもつ。

③ 報酬：**表 7.1** に従い，手の組合せに応じてAがBから表の数字分の金額〔単位：千円〕を受け取る。

表 7.1　じゃんけんゲームの利得表
Aの利得（Bの損失）

A＼B	グー	チョキ	パー
グー	4	2	3
チョキ	5	3	4
パー	6	1	0

表 7.1 はBがAに支払う金額（Aの利得，Bの損失）を意味する。AとBの両者はゲームのルールは事前に知らされる。以

上のルールのもとでじゃんけんゲームをするが，Aはできるだけ多い金額を獲得し，Bはできるだけ損失を小さくするにはどのような戦略をとるとよいか。

（解説）　まずAの立場で考える。Aはパーを出すと最大6千円を得る可能性がある。ただしBがグーを出してくれればの話であり，もしBがパーを出すと1円も手に入らない。すなわちAがパーを出すときの最小は0である。次にAがチョキを出すと，Bがグーなら最大5千円が手に入るが，Bがチョキなら最小3千円しか入らない。また，Aがグーを出すとBがグーなら最大4千円，チョキなら最小2千円となる。それぞれの手におけるAの最大金額はどれも必ず入る保証はない。しかし3つの手の最小0，2，3千円のうちの最大3千円に注目すると，Aがチョキを出せば少なくとも最小3千円が入り，Bがチョキ以外の手を出せばより多い金額が手に入る。つまり，Aがチョキを出せば少なくとも3千円が保証される。一方，最大値は狙っても手に入る保証はない。Aは最高の利益である6千円を狙いパーを出し勝負に出る自由はあるが，手痛い結果も覚悟しなければならない。6千円は必ず手に入る保証はない。これに反しAがチョキを選ぶ考え方は，消極的であるが保証のある堅実な考え方である。このようにそれぞれの手の最小利益のうちの最大値を選ぶ考え方を「マックスミニ原理」という。以下，ゲームのプレーヤはこのマックスミニ原理の立場に立ちゲームを進める。

今度はBの立場からこのゲームを考える。表7.1はBからは損失を意味するのでできるだけ損失を小さくしたい。Bがグーを出せば最大で6千円の損失であり，最小で4千円の損失となる。チョキなら最大3千円，最小1千円の損失，パーなら最大4千円，最小0千円の損失である。安全を見込みできるだけ損失を小さくするには，最大損失6，3，4千円のうちの最小値3をとるチョキを出すべきである。Bはチョキを出せば高々3千円しか損をしない。Bの考え方もマックスミニ原理に基づく。なぜなら，Bの損失は負の利益と考え，各手の最大損失のうちの最小損失＝各手の最小利益のうちの最大利益だからである。

（解答）　以上から，このじゃんけんゲームでA，Bはそれぞれチョキを出すのがマックスミニ原理の立場から最適手となり，ゲームは決着する。つまりAはつねにチョキ，Bもつねにチョキを出してゲームを実行する。□

このようにマックスミニ原理に基づき決定された両者の手の組（チョキ，チョキ）を最適方策といい，表7.1の行列を利得行列という。最適方策でAが得る利得（3千円）をゲームの値という。また，このゲームのように，一方のプレーヤの利益が他方のプレーヤの損失に等しくなるゲームを**ゼロ和ゲーム**という。そうでないゲームとして，例えば勝ったほうに第三者が賞金を与えるゲームのように，一方のプレーヤの利益が他方の損失にならないものもある。このゲームのようにプレーヤが2人で行うゲームを2人ゲームといい，特に利得行列が3×3の行列であるから，まとめてこのゲームは3×3の2人ゼロ和ゲームという。

【例題7.3】 **表7.2**の利得表をもつゲームの最適方策（マックスミニ解）とゲームの値を求めなさい。ただし，表はAからみての利得を表す。

表7.2　例題7.3の利得表

A＼B	B1	B2	B3
A1	5	−3	−2
A2	−1	−4	8

（解説と解答）　まずAの立場で考える。AがA1のときの最小は−3である。次にAがA2のときの最小は−4である。それらの利得（−3，−4）の最大は(A，B)＝(A1，B2) のときの−3であり，B＝B2のとき少なくとも−3，B＝B2以外ではより多い利得を得る。次にBの立場から考える。表7.2はBからは損失を意味するのでできるだけ損失を小さくしたい。BがB1のとき，最大5の損失，最小−1の損失となる。BがB2なら最大−3，最小−4の損失，B3なら最大8，最小−2の損失である。できるだけ損失を小さくするには最大損失5，−3，8のうちの最小値−3をとるB2を選ぶべきである。BはB2ならば高々−3の損失（+3の利得）にしかならない。マックスミニ原理に基づき得られた両者の戦略の組（A1，B2）を最適方策といい，最適方策でAが得る利得（−3）をゲームの値という。□

7.3　囚人のジレンマと支配戦略

次に**囚人のジレンマ**のモデルを紹介する。モデルではプレーヤが自分と相手の2人だけである。また戦略も2つだけで単純なので，よくゲームの理論の紹介として使われる。

【例題7.4】　プレーヤA，Bが軽犯罪で逮捕されている。2人には重犯罪の容疑もかけられているが，警察は十分な証拠をもっていない。そこで警察は2人に以下の取引を持ち掛けた。その内容とは，1人が自白して1人が黙秘したら自白者は釈放され，代わりに黙秘者は懲役10年になる。もし2人とも自白したら互いに懲役5年になる。逆に2人とも黙秘したら証拠不十分で軽犯罪の懲役1年になる。という**囚人のジレンマゲーム**である。整理すると，プレーヤは自分（A）と相手（B）の2人，戦略は黙秘と自白の2つである。また互いの利得をまとめると**表7.3**の利得表になる。ここでは懲役年数を利得としたので，懲役年数は短いほうがよいのでマイナスとした。このとき囚人AとBはどのような戦略（黙秘か自白）をとればよいか。

表7.3　囚人のジレンマの利得表（Aの利得，Bの利得）

A＼B	黙　秘	自　白
黙　秘	(−1，−1)	(−10，0)
自　白	(0，−10)	(−5，−5)

（**解説と解答**）　この囚人のジレンマゲームの解決法を考える。まず，自分Aの立場に立ち考える。相手Bが黙秘すると仮定する。Bが黙秘のときAの利得を比べる。もしAも黙秘なら−1の利得で自白なら0となり，Aは値の大きい自白のほうがよい。同様にBが自白ならAが黙秘で−10の利得，自白なら−5となりAは自白のほうがよい。次に相手Bの立場に立つと，自分Aが黙秘のときBの利得はもしBも黙秘なら−1の利得で，自白なら0となり，Bは値の大きい自白のほうがよい。同様にAが自白ならBが黙秘で−10の利得，自白なら−5となりAは自白のほうがよい。この状況では，Bがどちらを選択

してもAは自白，Aがどちらを選択してもBは自白をすればよい。　□

この自白戦略のように，相手が何を選択しても最適になる戦略を「**支配戦略**」と呼ぶ。また，すべてのプレーヤが「自分の戦略を変更しても自分の利益があがらない」状態をナッシュ均衡と呼ぶ。この例では互いに自白する状態がナッシュ均衡である。

このモデルの面白いところは，プレーヤの最適な戦略は「互いが自白（−5，−5)」であるのに対し，全体の最適な状態は「互いが黙秘（−1，−1)」である。この「自分にとり最適」を選ぶか，または「全体にとり最適」を選ぶかというジレンマが「囚人のジレンマ」と呼ばれる理由である。

上記で述べた支配戦略は，相手のどの戦略に対しても有利になる戦略である。ここでは野球における支配戦略をみる。野球戦略の1つに「2アウト3ボール2ストライクの場合，ピッチャーが投げると同時にランナーはスタートをきる」がある。これは**支配戦略**（**弱支配戦略**）の一例である。ランナーはこの状況で走る・走らないの2つの選択肢があるので，これらを比較する。

・バッターが打たない場合

三振した場合は走る場合も走らない場合も回が終わる。フォアボール，デッドボールなどの場合も，走る場合と走らない場合の結果は変わらない。

・バッターが打つ場合

ファールの場合は走るとき元の塁に戻され，走らないとき塁のままで結果は変わらない。フライやゴロアウトのとき回が終わるだけで，結果は変わらない。ホームランのときも，ランナーは走っても走らなくてもホームインするので結果は変わらない。しかし，バッターが打ちヒットのときだけは，ランナーが走る場合は走らないときより先の塁へ進みやすく得点をあげるチャンスが広がる。

これらをまとめると，次のようになる。

・ヒットの場合：走る場合＞走らない場合

・それ以外の場合：走る場合＝走らない場合

つまり2アウト3ボール2ストライクでは，ランナーが走るとどの結果になろうと，走らない場合と比べ必ず同じか良い結果になる。つまりこの戦略は支配戦略である。なお，支配戦略で同じか良い結果となるものを**弱支配戦略**，良い結果にしかならないものを**強支配戦略**という。

相手の支配戦略がわかると，相手の戦略が予測できる。野球では守備チームは当然この戦略に対し，前進守備をとるなど支配戦略に対抗する戦略を考える。野球は2アウトからとよくいわれるが，ランナーがいる場合，2アウト3ボール2ストライクからのヒットのほうが得点は入りやすい。これは支配戦略が原因の1つである。

自分の支配戦略と相手の支配戦略を見つけることは，野球に限らず，日常生活やビジネスでも大きな意味をもち，有利に物事を進めることができる。特にスポーツセオリーと呼ばれる戦略の中には支配戦略は多い。自分が好きなスポーツのセオリーがなぜ支配戦略かを考えると，支配戦略の練習になる。

7.4 さまざまな囚人のジレンマ

ここでは日常の場面で出現するさまざまな囚人のジレンマの例を示す。

【例題 7.5】 家事分担のジレンマ

共働きの夫婦の家事分担を考える。夫妻がそれぞれ家事をするかしないかの選択をし，そのときの夫と妻の利得（夫，妻）を**表 7.4** に示す。このとき夫と妻はどちらの戦略（家事をするか，しないか）をとるべきかを求めなさい。

表 7.4 家事分担のジレンマの利得表（夫，妻）の利得

夫＼妻	家事をする	家事をしない
家事をする	(5, 5)	(0, 10)
家事をしない	(10, 0)	(2, 2)

（解説） 2人とも家事をすれば家はきれいになり無駄な費用もかからない（5, 5)。1人が家事をし1人がしなければ家はきれいになるし費用もかからないが，家事をするほうは非常に疲れる（10, 0）か（0, 10)。2人とも家事をしなけれ

ば家が汚れ，食事は外食でムダな費用がかかる（2, 2)。

（解答） もし2人の間で何の話し合いもなければ，2人とも家事をしないことが最適解（支配戦略）になる。 □

【例題7.6】 NHK料金支払のジレンマ

NHKの電波は公共財であり，誰が受信しようが減らず，料金を払わない家だけを受信不能にはできない。料金を払わない理由を囚人のジレンマを用い考える。簡単のために，国民がA, Bの2人だけと考え，そのときのA, Bの利得（A, B）を**表7.5**に示す。国民AとBは料金を支払うべきかどうかの答えを見つけなさい。

表7.5 NHK料金支払のジレンマの利得表（A, B）の利得

A＼B	支払う	支払わない
支払う	(5, 5)	(0, 8)
支払わない	(8, 0)	(3, 3)

（解説と解答） 2人とも料金を払うとどちらもNHKの番組を見ることができる（5, 5)。1人が料金を払い1人が払わないとNHKの運営に2人分の料金が必要となる。番組はどちらも見られるが払わないほうが得である（8, 0）か(0, 8)。2人とも料金を払わないと，NHKは収入がなくなり番組の質が落ち，2人とも良い番組が見られない（3, 3)。相手が払うとき自分は払わずにただ乗りが得で（8），相手が払わないとき相手の料金まで払うより自分も払わずに見ないほうがよい（3）。したがって，払わないが**支配戦略**になる。 □

7.5 囚人のジレンマの裏切り防止法

囚人のジレンマで裏切りを防ぐ解決策を示す。裏切りを防ぐ方法には，次の代表的な方法がある。

① 長期的関係を築く。目先より将来の利益を優先させる。

② 罰則を設ける。ある程度重く単純な罰則が望ましい。

③ コミットメントを使いゲームを変える。自分は裏切らない信用が必要で

ある。

以下に，裏切りを防ぐそれぞれの方法を詳細に述べる。

①　長期的な関係を築く

裏切り，一度だけ大きな利益を得るよりも，「長い間協調しある程度の利益を続けるほうが得をする」の状況を作る。一度価格を下げて裏切ると，一瞬は大きな利益を得るが，相手も対抗するので，その後は長く安い価格で売ることになる。それより，協調し高い価格で長く売るほうが得なことが多い。

一回限りで互いに協力を引き出すのは難しい。信頼関係がなく一回だけの取引ならば裏切りが起こりやすい。長期関係を築くには，「一度きりでなく長く付き合うほうが得だ」と相手に理解させるのがポイントになる。

②　罰則を設ける

2つ目の解決策は罰則であり，裏切ると処罰することをゲームに入れる。口約束で処罰は難しいが，裏切ると二度と取引しないなどで罰する。建設業界の談合でも，裏切る会社にその後仕事が回らない。罰則は，裏切る場合利得を大幅に減らし，ゲームの構造を変える。囚人のジレンマの状況を**表7.6**に示す。これから裏切る場合の利得を大幅に減らし，ゲームを**表7.7**のように変える。

表7.6　囚人のジレンマの利得表（構造変化前）

A＼B	協　調	裏切り
協　調	A○　B○	A×　B◎
裏切り	A◎　B×	A△　B△

表7.7　囚人のジレンマの利得表（構造変化後）

A＼B	協　調	裏切り
協　調	A○　B○	A×　B△
裏切り	A△　B×	A××　B××

表7.7において，裏切りの利得が減ると支配戦略は「協調」になる。AもBも相手が協調の場合は自分も協調がいいし（○＞△），相手が裏切る場合でも自分は協調がややいい（×＞××）。相手が協調でも裏切りでも自分は協調するのがよい。2人とも合理的で互いに協調するようになる。

身近な例では，規則や慣習も罰則になる。NHK受信料は不払いでも罰則がないが，非難の社会的制裁が待つ。信頼関係を壊したくない相手ほど，裏切ると利得は大幅に減る。信頼関係を築く人の間では裏切りは起こりにくい。

罰則はつねに囚人のジレンマを防ぐとは限らない。罰則がわずかだと効果は出ないし，相手が気づかないと効果がない。罰則に裏切り防止効果を入れる3つのポイントを次に示す。

・裏切りで得る利益より大きい損失を与える。

・簡単でわかりやすく明解にする。

・確実に罰則が適用される。

③　コミットメントを使いゲームを変える

ゲーム構造を変える方法である。互いが協調し裏切らないときに「君が裏切ると僕も裏切りで対抗する。でも僕からは絶対に裏切らない。後はご自由に」の**コミットメント**をする方法である。相手に両者が協調状態か裏切り状態かを選ばせるゲームにする。囚人のジレンマの状況では，両者が裏切るより両者が協調のほうが利得が大きいので，協調になる。「自分は相手が協調する限り裏切らない」の信頼性の確保は，相手が協調のとき自分が裏切るほうが得なので難しい。信頼性は以下で確保する。

・過去に裏切らなかった実績や社会的評判

・信頼できる第三者による評価

・罰金，違約金，担保

過去に裏切らなかった人なら同じコミットメントでも裏切らない信頼性が増え，他の信頼できる第三者が「この人は大丈夫」という場合も信頼性が増える。もし裏切るとお金を払う制約を自分に課すと，裏切らない信頼性は増える。

3つの解決策すべてを適用できる囚人のジレンマもあれば，1つしか適用できない状況もある。しかし，解決策の要素や考え方を身につければ，さまざまな場面に適用可能である。

7.6　映画にみるゲームの理論

ゲームの理論の支配戦略は合理的な戦略であるが，見つけるのは難しいかもしれない。映画「インディ・ジョーンズ／最後の聖戦」の最終場面から支配戦略を考える。ストーリーは，キリストの聖杯の力を悪用しようとするナチスと必死に守ろうとする考古学者インディ親子の争いである。

【例題7.7】　映画の最終場面で，聖杯の地でインディの父が致命傷を負い，放っておくと死ぬ。父を救うには聖杯の治癒力を使うしかない。インディは数々の挑戦をくぐり，聖杯の地に着き最後の挑戦を受ける。その挑戦は「何十杯もの聖杯から１つ本物を見つけること」。杯で水を飲むと，本物なら生命力を与えられ，偽物なら死亡する。インディと父のどちらが先に聖杯を飲むべきか。

（**解説と解答**）　インディは「見分ける方法はこうだ」と叫び，水を自分で飲み干した。インディは本物を一発で引き当て，父ヘンリーに聖杯で水を飲ませ蘇らせた。しかし，ここの支配戦略は「杯を選び水を父ヘンリーに先に飲ませる」である。父ヘンリーはこのままでも死ぬ。酷いが先に父ヘンリーに飲ませるのがポイントである。それぞれを比較する（**表7.8**）。もし本物の聖杯なら結果は変わらない。もし偽物だったらインディが先に飲むより父親が先に飲んだほうが，インディが生き残る分結果は良い。

表7.8　聖杯のジレンマの利得表

A＼B	インディが先に飲む	父親に先に飲ませる
聖杯が本物	インディ：生きる 父：生きる	インディ：生きる 父：生きる
聖杯が偽物	インディ：死ぬ 父：死ぬ	インディ：生きる 父：死ぬ

□

したがって，父に先に飲ませることは**支配戦略**（**弱支配戦略**）である。インディは支配戦略を見つけられなかった。映画の感動的な場面や差し迫る場面では，おやと思うことは多い。感動を起こす価値を無視するが，支配戦略を知り通常と違う視点から物事を見るのも大切である。

演 習 課 題

【課題 7.1】 利得表が**表 7.9** で与えられる2人ゼロ和ゲームの最適方策（マックスミニ解）とゲームの値を求めなさい。

表 7.9 演習課題 7.1 の利得表

A＼B	BⅠ	BⅡ	BⅢ
AⅠ	6	5	5
AⅡ	2	2	3
AⅢ	4	8	2

【課題 7.2】 競技場の弁当屋 A と B はおにぎりとサンドイッチを販売する。弁当屋は毎日どちらかを販売する。弁当屋はおにぎりとサンドイッチに特色があり，相手店が売る弁当により自店の売上げが変わる。各店の売上げは**表 7.10** で表す。このとき**最適方策**（**マックスミニ解**）とゲームの値を求めなさい。

表 7.10 演習課題 7.2 の利得表

A＼B	おにぎり	サンドイッチ
おにぎり	A：6　B：4	A：3　B：7
サンドイッチ	A：4　B：6	A：8　B：2

【課題 7.3】 メーカ A 社と B 社はテレビの新製品を発売する。各メーカはテレビに 60 万円と 65 万円の定価を検討した。各定価に対する売上げは**表 7.11** で予想する。このとき**マックスミニ戦略**となるペアとゲームの値を求めなさい。

表 7.11 演習課題 7.3 の利得表

A社＼B社	60 万円	65 万円
60 万円	A：12　B：13	A：15　B：7
65 万円	A：8　B：14	A：10　B：10

【課題 7.4】 価格競争のジレンマ

表 7.12 はラーメン店 A 店と B 店がそれぞれ価格の据え置きか値下げによる利得表（A，B）である。表から，支配戦略を求めなさい。また，この問題は**囚人のジレンマ**であるが，どこがジレンマなのか説明しなさい。

表 7.12 価格競争のジレンマの利得表（A，B）（百万円）

A店＼B店	据え置き	値下げ
据え置き	(5, 5)	(2, 7)
値下げ	(7, 2)	(3, 3)

【課題 7.5】 過剰な広告の謎

自動車会社の競争として，A 社と B 社が広告費を拡大し宣伝を行うかを検討する。両者が広告費を据え置くと現状維持。1 社のみが広告費を拡大し他社が広告費を据え置くと，拡大会社の利益は増え，据え置く会社は客を取られる（**表 7.13**）。両者が広告費を拡大すると，費用は増え広告効果は打ち消し合いお客は増えない。表から支配戦略を求めなさい。また，この問題は**囚人のジレンマ**であるが，どこがジレンマなのか説明しなさい。

表 7.13 過剰広告の謎の利得表

A 社 ＼ B 社	据え置き	拡　大
据え置き	A：○　B：○	A：×　B：◎
拡　大	A：◎　B：×	A：△　B：△

さらに勉強するために

ゲームの理論は，多くの OR に関する教科書（例えば文献 4）など）で取り上げられている。文献 1）はゲーム論の入門書であるが，本書ではあまり詳しく触れなかった「**ナッシュ均衡**」や「**2 人交渉ゲーム**」の解説が明快で，実際の計算モデルを用いておりわかりやすい。文献 2）は，気軽にゲームの理論の一端に触れることができる。楽しいクイズなどを含み，ゲームの理論のパズル的側面から読者の頭脳を刺激するので初心者向きである。文献 3）は，多彩な例題による Q&A 形式で，ゲームの理論，**ゲームの理論的ジレンマ**，**ナッシュ均衡解**について解説している。文献 4）では，多くの身近な例を用いてゲームの理論の導入を平易に解説している。

参考文献

1）　中山幹夫：はじめてのゲーム理論，有斐閣ブックス（1997）
2）　逢沢明：ゲーム理論トレーニング，かんき出版（2003）
3）　木下栄蔵：Q & A：入門意思決定法，現代数学社（2004）
4）　松井泰子，根本俊男，宇野毅明：オペレーションズ・リサーチ，東海大学出版会（2008）

AHP（物事を決めるには）

皆さんが生活していくうえで，そしてこれから仕事をしていくうえで，いくつかの案の中から１つの案を選択しなければならない，かつその決断を迫られることはないだろうか。そのような場面は，公共政策，会社の経営はもちろんのこと，どううまく家計を切り盛りし家族がハッピーになれるかなどあらゆる場面に現れ，そしてわれわれはこの決断をしなければならない。このように，ある状況において複数の代替案から合理的に最善の策を決める意思決定は，皆さんをハッピーにするために欠かせない問題となる。

8.1　いくつかの案から１つを選ぶ

では，次のようなとき，皆さんはどうやって最善の策を考え，いくつかの候補からより優れた案を選び出すだろうか。

【例題 8.1】　美人の祥子さんにはボーイフレンドが３人いる。彼らからプロポーズもされつつあり，彼女自身，結婚も悪くないと思い始めた。その３人のボーイフレンドとは，太一，務，隆文であり，彼らは三人三様みな良いところ，悪いところがそれぞれある。また，彼女が着目する点は，容姿，人柄，所得の３つである。この一生がかかった問題で，彼女はどの彼氏を結婚相手として選び出せばよいのだろうか。

この問題の難しさは，評価する尺度が人間の勘やフィーリングなどの曖昧な

点を含んでいることである。T. L. Saaty は，この曖昧な尺度に対して合理的に評価する **AHP**（analytic hierarchy process，**階層化意思決定法**）を提唱した。

AHP では，問題を**図 8.1** のような階層図と呼ばれる構造で整理し考えていく。その構造は 3 つのレベルからなり，まず，第一段階として問題が与えられる。その問題に対する評価の観点（評価項目）が存在し，評価基準として 2 段階目に整理する。この段階で，どの評価項目が重要であるかを項目ごとに一対比較し，それぞれの項目の重要性を検討する。3 段階目では，その評価基準の重要性の観点に基づき，与えられた代替案から候補を決定する。

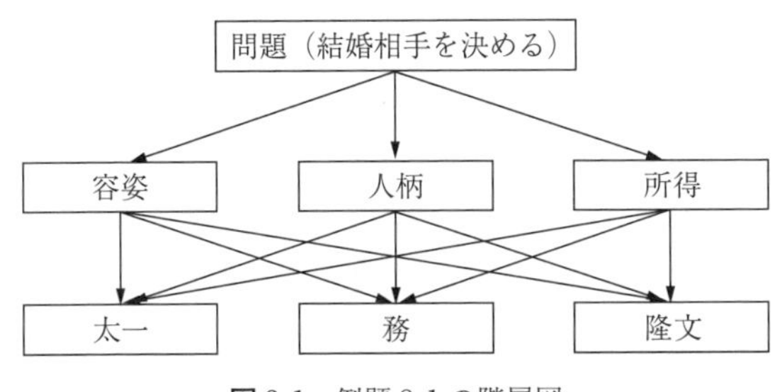

図 8.1 例題 8.1 の階層図

8.2 AHP で求めてみよう

それでは，例題 8.1 を実際に AHP で解き，AHP の使い方を学んでみたい。複数の代替案から 1 つの候補を選び出す問題はさまざまな領域でみられ，この AHP の解き方で解ける。すなわち，AHP は，身近な問題から国の政策，会社経営などさまざまな問題での利用がはかられる便利なツールである。また，AHP でモデル化することにより，より問題が構造化され，その問題に対する明快な理解へつながるとともに，問題解決に対する納得性を高める優れた問題解決手法でもある。

8.2.1 一対比較表を作る

評価する項目の相対的な重要性を比較するためにすべての項目を並べて比較

するより，2つの項目ごとに取り上げ比較を行い，全体的な相対関係を導き出すのが有効であるといわれている。このような比較を**一対比較**と呼び，この一対比較による方法がAHPでは採用されている。

例題8.1では，評価する項目として，「容姿」「人柄」「所得」の3つがあった。この中から2つの項目ごとに比較を行わねばならない。例えば，「容姿」と「人柄」を比べてどちらが重要であるかを比較していく。このとき，次のような規則のもと一対比較値を定義する。

・「容姿」と「人柄」の重要度は「同じ」であるなら，1
・「容姿」が「人柄」より「やや重要」なら，3
・「容姿」が「人柄」より「重要」なら，5
・「容姿」が「人柄」より「かなり重要」なら，7
・「容姿」が「人柄」より「絶対に重要」なら，9

逆に，「人柄」からみた場合の一対比較値は，上記の値の逆数になる。すなわち，「容姿」は「人柄」より「かなり重要」とするならば7であるが，「人柄」は「容姿」より「かなり重要でない」こととなり，その一対比較値を1/7とする。

では，祥子さんに比較してもらった数値を**表8.1**に示す。この表を**一対比較表**と呼ぶ。表の各要素（マス目）を**セル**と呼び，横に並ぶ行と縦に並ぶ列の順番で位置を特定する。

表8.1　例題8.1の評価基準の一対比較表

	容　姿	人　柄	所　得
容　姿	1*	7**	5***
人　柄	1/7	1	1/3
所　得	1/5	3	1

彼女の一対比較表では，「容姿」が「人柄」よりかなり重要なので，行項目が「容姿」で列項目が「人柄」のセルに7が入る。逆に，行項目が「人柄」で列項目が「容姿」のセルには，その逆数の1/7が入る。また，「容姿」と「容姿」を比較するならばその重要性は同じなので1となり，すべての対角部分には1が入る。

後述する表どうしの関連性が理解しやすいように，上付きの記号（例：*，※など）を用いて，対応する同じ数値どうしに同じ上付き記号を付けておく。

8.2.2 評価基準の重要度を求める

評価基準の一対比較表（表8.1）が作られたならば，この一対比較表に基づき評価基準の**重要度**（**ウェイト**）を計算してみよう。重要度とは，3つの評価項目の「容姿」「人柄」「所得」のうちどれに重きがおかれるかを数値で表したものである。この重要度を計算する方法として，主として**固有値法**と**幾何平均法**がある。両者によって求めた値はほぼ近い値であり，実用上どちらを採用しても結果への影響は少ない。したがって，ここではより簡便な手法である幾何平均法を用いて重要度の計算を行う。

では，例題8.1の評価基準に関する一対比較表（表8.1）に基づき，各評価項目の重要性を示す重要度を幾何平均法で計算してみよう。まず，一対比較表（表8.1）の各行の幾何平均の計算を**表8.2**に示す。たとえば，「容姿」の幾何平均は，「容姿」の行項目にあたる一対比較値の積を求め3乗根を計算した$(1\times7\times5)^{1/3}$の値となる。n乗根とは，$x^n=a$におけるxの値を，aのn乗根と呼び$a^{1/n}$と記す。その計算はExcelなどを用いれば容易に計算できる。ちなみに，$a^{1/n}$を求めたいならば，Excelのセルの中で，「＝a^(1/n)」と記せばよい（$35^{1/3}$ならば，「＝35^(1/3)」となる）。同様に，各行ごとの一対比較値の積を求め幾何平均を導出し，その3つの項目に対する総和を求める。

表8.2　例題8.1の評価基準の幾何平均

	幾何平均
容　姿	$(1^{*}\times7^{**}\times5^{***})^{1/3}\fallingdotseq3.27^{※}$
人　柄	$(1/7\times1\times1/3)^{1/3}\fallingdotseq0.36$
所　得	$(1/5\times3\times1)^{1/3}\fallingdotseq0.84$
幾何平均の総和	$3.27+0.36+0.84=4.47^{※※}$

重要度の値は，3つの各項目に対する幾何平均を正規化した値で表す。正規化することにより，求められた重要度の値の総和が1となるように重要度は定義される。すなわち，各項目の「幾何平均」を「幾何平均の合計」で割り，その値を重要度とすればよい。たとえば，表8.2の評価項目「容姿」の場合，「容姿」の幾何平均3.27を幾何平均の合計である4.47で割ればよい。「人柄」「所得」に対しても同様に計算した結果を**表8.3**に示す。これによって，例題8.1の評価基準における各評価項目の重要度が計算された。この求められた重

要度の値は，祥子さんが評価基準としてどこに重点をおいて評価しているかが示され，大きな値がより重要であることを表している。

表 8.3　例題 8.1 の評価基準の重要度

	重要度
容　姿	$3.27^{※}/4.47^{※※} \fallingdotseq 0.73^{☆}$
人　柄	$0.36/4.47 \fallingdotseq 0.08^{☆☆}$
所　得	$0.84/4.47 \fallingdotseq 0.19^{☆☆☆}$

結果，祥子さんは「容姿」重視で，次に「所得」を重視し，「人柄」はあまり重視していないことがうかがわれる。

8.2.3　代替案を選び出す

次の手順として，代替案の中からどれを候補とするかを決めねばならない。例題 8.1 では，3 つの評価基準である「容姿」「人柄」「所得」があった。そこで，「容姿」「人柄」「所得」ごとからみた各代替案の優劣を求めたい。この優劣を決めるためには，評価項目ごとに一対比較表を作成し，それから重要度を求め優劣を決める同様な手順が行われる。さらに，それらの重要度と先の評価基準の重要度から候補が決定される。

まず，代替案である 3 人の候補を「容姿」の点からみて比べる。各代替案の 2 組に対して一対比較していき，「容姿」に関する一対比較表を完成させる。それを，「人柄」「所得」に対しても同様に行う。

たとえば，「容姿」について各代替案を一対比較してみる。代替案「太一」と「務」を比べると，「太一」のほうがイケメンなので，「太一」から「務」をみて 5 を与える。同様に一対比較を行い，先の計算同様，幾何平均，幾何平均の総和，重要度を計算する。その結果を**表 8.4** に示す。「太一」の幾何平均は

$$(1\times5\times3)^{1/3} \fallingdotseq 2.47$$

表 8.4　「容姿」に関する一対比較表と幾何平均，重要度

	太一	務	隆文	幾何平均	重要度
太一	1	5	3	2.47	$0.66^{★}$
務	1/5	1	1	0.58	0.16
隆文	1/3	1	1	0.69	0.18
	幾何平均の総和			3.74	

である。幾何平均の総和は,「務」と「隆文」の幾何平均がそれぞれ0.58, 0.69であり

$$2.47+0.58+0.69=3.74$$

となる。そして,「容姿」に関する「太一」の重要度は

$$2.47/3.74 \fallingdotseq 0.66$$

と求まる。その他の値は,各自確認して確かめていただきたい。そして,残りの「人柄」と「所得」に関する一対比較表と幾何平均,重要度の計算結果を示したものも**表8.5**,**表8.6**として表しておく。

各評価基準の項目におけるおのおのの代替案の重要度が求まれば,最後にどの代替案を採用するかを決めるため,総合評価の値を求める。**表8.7**にその結果を示す。評価者の評価基準と,3つの評価項目ごとの代替案の重要度が記さ

表8.5 「人柄」に関する一対比較表と幾何平均,重要度

	太一	務	隆文	幾何平均	重要度
太一	1	1/7	1/3	0.36	0.08★★
務	7	1	5	3.27	0.73
隆文	3	1/5	1	0.84	0.19
	幾何平均の総和			4.48	

表8.6 「所得」に関する一対比較表と幾何平均,重要度

	太一	務	隆文	幾何平均	重要度
太一	1	3	1/3	1	0.26★★★
務	1/3	1	1/5	0.41	0.10
隆文	3	5	1	2.47	0.64
	幾何平均の総和			3.87	

表8.7 例題8.1の総合評価の計算

	容姿	人柄	所得	総合評価
評価基準	0.73☆	0.08☆☆	0.19☆☆☆	
太一	0.66★	0.08★★	0.26★★★	$0.73\times0.66+0.08\times0.08+0.19\times0.26\fallingdotseq0.54$
務	0.16	0.73	0.10	$0.73\times0.16+0.08\times0.73+0.19\times0.10\fallingdotseq0.19$
隆文	0.18	0.19	0.64	$0.73\times0.18+0.08\times0.19+0.19\times0.64\fallingdotseq0.27$

れている。それらの値をもとに最終的な総合評価の値が計算される。

まず，「祥子」の評価基準の重要度は「容姿」「人柄」「所得」に対して（0.73, 0.08, 0.19）であった。「容姿」「人柄」「所得」ごとの「太一」の重要度は（0.66, 0.08, 0.26）であった。「太一」の総合評価は，評価基準における「容姿」の重要度0.73と，「容姿」に関する代替案「太一」の重要度0.66の積（0.73×0.66）を求める。同様に「人柄」に対応する項目の積（0.08×0.08），所得に対応する項目の積（0.19×0.26）を求め，これら3つの項目の和をとった値0.54が太一の総合評価となる。「務」「隆文」の総合評価も同様な計算であり表8.7に示されている。結果，「太一」が0.54と一番高い値となり，代替案「太一」を選ぶのが好ましいと判断される。

8.3　一対比較は正しく行われたか（整合度の計算）

AHPを行うにあたって注意しなければならないことがある。評価基準，および代替案の比較で一対比較表を作り上げた。しかし，その一対比較表は矛盾なく項目ごとの関係を表しているのだろうか。すなわち，一対比較表全体としてみた場合，矛盾性をはらんでいないかという問題が残されている。たとえば，「容姿」＞「所得」かつ「所得」＞「人柄」としてあるのに，「人柄」＞「容姿」となっていたならば，矛盾する関係となってしまう。いわゆる整合性がとれていないこととなり，正しい評価は行われないであろう。

【例題8.2】　例題8.1における評価基準，および3つの代替案に関する一対比較表の整合性を検討しなさい。

一対比較表を作り上げたならば，整合性がとれているかをチェックする作業を行う必要がある。そのための指標として**整合度**（consistency index：CI）という値を計算する。この値は理想的に成り立つモデルからのズレを表す値であり，そのズレの大きさをもって整合性の良し悪しを判断する。この整合度（CI）

が大きな値であればズレが大きく，小さな値であればズレが小さいことを意味している。通常，0.1 もしくは 0.15 以下であれば整合していると判断し分析に進み，そうでないならば一対比較をやり直すことが求められている。

一対比較表を作り上げたならば，これから述べる整合度の値を計算しチェックする過程を踏んでいただきたい。この過程を説明するために，例題 8.1 の評価基準の一対比較表（表 8.1）を例にとり説明を行っていく。まず，整合度とは

$$CI = \frac{\lambda/\text{項目数} - \text{項目数}}{\text{項目数} - 1} \tag{8.1}$$

と定義されている。「項目数」とは比較する項目の数であり，表 8.1 の場合は 3 となる。この整合度計算で λ という値を用いているが，その λ の値は 9.19 となり（求め方は下記で改めて説明する），表 8.1 に対する整合度は，式 (8.1) より 0.03 となり，0.1 以下の条件を満たしている。したがって，この一対比較表（表 8.1）は整合性がとれた矛盾のない関係を表していると判断する。

λ の値は，天下り的に 9.19 と示したが，その求め方に関して**表 8.8** を用い具体的に説明しておきたい。表 8.8 は，一対比較表（表 8.1）の整合度計算で必要な λ の計算過程を表したものである。また，λ の計算手順においてはすでに既知である評価基準の重要度を用いるが，便宜上

w_1：評価基準「容姿」の重要度＝0.731☆

w_2：評価基準「人柄」の重要度＝0.081☆☆

w_3：評価基準「所得」の重要度＝0.188☆☆☆

と w_i と表記し，小数 3 桁とした場合の計算を下記に示していく。この重要度

表 8.8 一対比較表（表 8.1）の整合度計算で必要な λ の求め方

	容姿	人柄	所得	各行の総和	各行の総和 $/w_i$
容姿	$1\times w_1$ $=0.731$	$7\times w_2$ $=0.567$	$5\times w_3$ $=0.940$	$0.731+0.567+0.940$ $=2.238$	$2.238/w_1$ $\fallingdotseq 3.06$
人柄	$1/7\times w_1$ $\fallingdotseq 0.104$	$1\times w_2$ $=0.081$	$1/3\times w_3$ $\fallingdotseq 0.063$	$0.104+0.081+0.063$ $=0.248$	$0.248/w_2$ $\fallingdotseq 3.06$
所得	$1/5\times w_1$ $=0.146$	$3\times w_2$ $=0.243$	$1\times w_3$ $=0.188$	$0.146+0.243+0.188$ $=0.577$	$0.577/w_3$ $\fallingdotseq 3.07$
	（各行の総和 $/w_i$）の合計＝λ				9.19

および一対比較値を用いることにより，λ の値は次の計算手順で求められる。

〈λ の計算手順〉

① 一対比較表の各一対比較値に，その値の列項目に対する重要度を掛けて一対比較表に対応した表を作る（表 8.8 の各評価項目の対となるセルに示されている)。

② 行の項目に対する値（①で求めた積）の総和を各行計算する（表 8.8 の項目「各行の総和」に示す)。

③ 行の総和を，行項目に対する重要度で割る（表 8.8 の項目「各行の総和 $/w_i$」に示す)。

④ ステップ③で求めた値の合計を λ とする（表 8.8 の「(各行の総和 $/w_i$) の合計」で，$3.06+3.06+3.07=9.19$ と計算される)。

この計算の一部過程を詳細に示しておきたい。一対比較表（表 8.1）における行項目「容姿」に対する「容姿」「人柄」「所得」の値は，(1, 7, 5) である。列の項目に対応する重要度は，$(w_1,\ w_2,\ w_3)=(0.731,\ 0.081,\ 0.188)$ である。この行項目「容姿」における各一対比較値とそれらの列項目に対する重要度との積は，$(1\times0.731,\ 7\times0.081,\ 5\times0.188)=(0.731,\ 0.567,\ 0.940)$ となる。この 3 つの要素の和が，項目「容姿」に対する「各行の総和」の 2.238 である。この行の総和 2.238 を行項目「容姿」の重要度 $w_1=0.731$ で割ると $2.238/0.731 \fallingdotseq 3.06$ となり，項目「容姿」に対する「各行の総和 $/w_i$」が求まる。同様に，「人柄」「所得」の行項目に対して計算を行い，それらの総和である $2.238/w_1+0.248/w_2+0.577/w_3$ が λ の値 9.19 である。

同様に，表 8.4〜8.6 に対する整合度は，おのおのの λ を求め，式 (8.1) を用いて計算した結果，それぞれ 0.01，0.03，0.02 となる。これらの値は 0.1 以下の条件を満たし，各一対比較表は矛盾のない結果となる。

8.4 Excel を使って求めてみよう

マイクロソフト社の Excel は，「表計算ソフト」の代表的なツールであり，データの集計や分析を行うことができるソフトウェアである。また，非常に身近なソフトの1つとして多くの人たちにより利用されている。AHPは手計算でも計算可能であるが，Excelを利用することによって割と簡単に計算が可能となる。そこで，Excelを用いてAHPの計算を行ってみる。部分的にその計算の方法を示すので，AHPを利用するにあたって参考にしてほしい。

【例題8.3】　例題8.1に対するAHPの計算，および整合度の計算に関してExcelを用いて求めなさい。

表8.1の一対比較表に対する幾何平均，重要度などを計算するExcelのシートを作ってみよう。**図8.2**は，一対比較表の行項目「容姿」に対する幾何平均の計算を取り上げたものである。まず，一対比較表の値を対応するセルに入力する（D3には「=1/3」，B3には「=1/C2」と入力する）。E2のセルに「=PRODUCT(B2:D2)^(1/3)」と入力すれば，「容姿」の幾何平均が計算される。PRODUCT(B2:D2)は，B2からD2までのセルの値の積（すなわち，B2×C2×D2）を計算する関数である。その3乗根は，「^(1/3)」により計算でき，幾何平均$(1\times7\times5)^{1/3}$の値を計算する。このE2のセルを，E3:E4にコピー＆ペースト（位置関係を考慮した相対参照によりコピーされる）すれば，「人柄」「所得」の幾何平均も計算される。

さらに，**図8.3**におけるE5には「=SUM(E2:E4)」と入力すれば，E2から

E2　=PRODUCT(B2:D2)^(1/3)

	A	B	C	D	E	F	G	H
1	評価基準	容姿	人柄	所得	幾何平均	重要度		
2	容姿	1	7	5	3.271066	0.730645		
3	人柄	0.142857	1	0.333333	0.36246	0.080961		
4	所得	0.2	3	1	0.843433	0.188394		
5	幾何平均の総和				4.476959			
6								

図8.2　Excelによる幾何平均の計算

E5　=SUM(E2:E4)

	A	B	C	D	E	F	G	H
1	評価基準	容姿	人柄	所得	幾何平均	重要度		
2	容姿	1	7	5	3.271066	0.730645		
3	人柄	0.142857	1	0.333333	0.36246	0.080961		
4	所得	0.2	3	1	0.843433	0.188394		
5	幾何平均の総和				4.476959			
6								

図 8.3　Excel による幾何平均の総和の計算

E4 の総和が計算された幾何平均の総和が示される。最後に，**図 8.4** の F2 で「＝E2/$E$5」と入力すれば，「容姿」の「幾何平均」E2 が「幾何平均の総和」E5 で割られ重要度の値が算出される。「$E$5」は E5 のセルを指し，$ を行と列の番号の前につけることにより，位置が固定した絶対参照となる（コピー＆ペーストで相対的位置がズレない）。F2 を F3:F4 にコピー＆ペーストすれば残りの項目の重要度が計算される。

F2　=E2/$E$5

	A	B	C	D	E	F	G	H
1	評価基準	容姿	人柄	所得	幾何平均	重要度		
2	容姿	1	7	5	3.271066	0.730645		
3	人柄	0.142857	1	0.333333	0.36246	0.080961		
4	所得	0.2	3	1	0.843433	0.188394		
5	幾何平均の総和				4.476959			
6								

図 8.4　Excel による重要度の計算

同様に，代替案に対する評価基準ごとの一対比較表と各代替案の重要度も計算できる。参考のため，「容姿」に関する各代替案の重要度を求めた Excel の例を**図 8.5** に示しておく。幾何平均，重要度を求める各セルへの入力は，前述の評価基準（表 8.1）に関する場合と同様な関数となる。

図 8.6 に，総合評価の計算シートを示しておく。評価基準の重要度と 3 つの評価基準ごとに各代替案に対する重要度が示され，これらの値から総合評価値

	A	B	C	D	E	F	G	H
8		太一	務	隆文	幾何平均	重要度		
9	太一	1	5	3	2.466212	0.658644		
10	務	0.2	1	1	0.584804	0.156182		
11	隆文	0.333333	1	1	0.693361	0.185174		
12	幾何平均の総和				3.74438			
13								

図 8.5 Excelによる「容姿」に関する代替案の重要度の計算

E32 fx =B32*B$31 + C32*C$31 + D32*D$31

	A	B	C	D	E	F	G
30		容姿	人柄	所得	総合評価		
31	評価基準	0.730645	0.080961	0.188394			
32	太一	0.658644	0.080961	0.258285	0.536449		
33	務	0.156182	0.730645	0.104729	0.192998		
34	隆文	0.185174	0.188394	0.636986	0.270553		
35							

図 8.6 Excelによる総合評価の計算

が計算される。ポイントとなるセルに関して，参考のため下記に示す。その他のセルに関しても，同様な考えで入力すれば総合評価が計算できる。

・B32：「＝F9」（「容姿」における「太一」の重要度であり，図8.5のF9を指す）

・E32：「＝B32*B$31＋C32*C$31＋D32*D$31」（「太一」の総合評価の計算であり，表8.7での「太一」に対する計算に相応する。コピー＆ペーストにより評価基準に関して位置ズレが起きないよう$31とする）

最後に，**図 8.7**に，評価基準に関する一対比較表（表8.1）の整合度のシートも示しておく。ポイントとなるセルでの入力は以下であり，表8.8の計算を参考にすればよい。その他の一対比較表に対する整合度も同様な計算で求まる。

・J2：「＝C2*F3」（図8.2での行項目「容姿」と列項目「人柄」の一対比較値C2と行項目「人柄」の重要度F3との積）

・L2：「＝SUM(I2:K2)/F2」（IからKの行成分の総和を，図8.4の行項目「容姿」の重要度で割る）

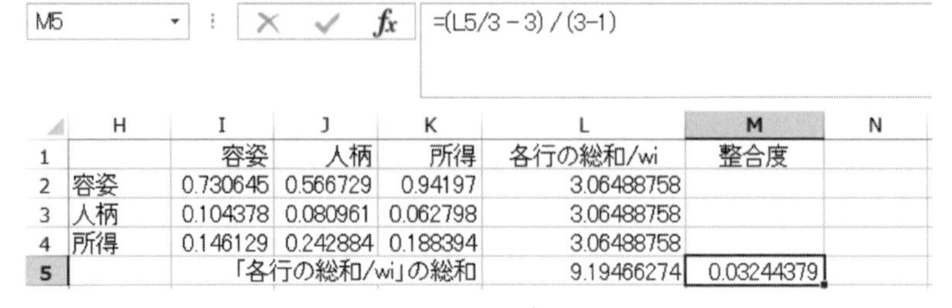
M5　=(L5/3－3)/(3-1)

	H	I	J	K	L	M	N
1		容姿	人柄	所得	各行の総和/wi	整合度	
2	容姿	0.730645	0.566729	0.94197	3.06488758		
3	人柄	0.104378	0.080961	0.062798	3.06488758		
4	所得	0.146129	0.242884	0.188394	3.06488758		
5		「各行の総和/wi」の総和			9.19466274	0.03244379	

図 8.7　Excel による整合度の計算

・L5：「＝SUM(L2:L4)」（L2, L3, L4 の総和で，λ の値）

・M5：「＝(L5/3－3)/(3－1)」（式 (8.1) による整合度の計算）

以上の知識で，Excel による AHP の計算シートは作れるであろう。計算手順の理解をはかるためにも実際に作り上げてみてほしい。

演　習　課　題

【課題 8.1】　例題 8.1 および 8.2 を，Excel により実際に計算しなさい。例題 8.3 で，一部計算方法に関して説明しているので，それを参考に最終的な Excel シートを完成させなさい。

【課題 8.2】　200 万円前後のコンパクトカーの購入を検討している。候補とし

表 8.9　課題 8.2 での各一対比較表

評価基準

	スタイル	走行性	安全性
スタイル	1	1/3	5
走行性	3	1	9
安全性	1/5	1/9	1

スタイル

	A	B	C
A	1	9	5
B	1/9	1	1/5
C	1/5	5	1

走行性

	A	B	C
A	1	1/7	1/3
B	7	1	5
C	3	1/5	1

安全性

	A	B	C
A	1	1/9	1/5
B	9	1	5
C	5	1/5	1

てA，B，Cが挙げられる。評価点は，スタイル，走行性，安全性の3つであり，評価基準，代替案に関する一対比較表は**表8.9**となる。幾何平均法を用いて候補を絞りなさい（整合度も計算し確認すること）。

【課題8.3】 各自，問題を考えAHPで解きなさい。ただし，評価基準，代替案を具体的に設定すること。

さらに勉強するために

さらにAHPを勉強するにあたり，いくつかの参考文献を示しておく。特に，文献5）などは基本的な扱いから，少し進展した内容なども示され，かつAHPのソフトなどが付いているなど実用的である。また，文献4）などもExcelを用いながら初心者向けに解説をしている。さらに，次の段階の勉強として，重要度の計算方法として固有値法などいくつかの方法があり，それらについても知識を深めたいところである。また，評価基準が複雑に2層にわたる場合，集団での合意形成など，実際的なケースにおいてもAHPは適用可能である。それらについても，文献1），5）などで解説されている。身近な問題（卒論）での実例は文献3）に多く示されている。幾何平均法あるいは固有値法のモデルの理論的な正当性，あるいは整合度の理論的意味づけなどを知りたい場合，文献2）あるいは5）などに示されているので参考にしてほしい。

参考文献

1）木下栄蔵：よくわかるAHP—孫子の兵法の戦略モデル，オーム社（2006）
2）後藤正幸：階層型意思決定モデル（AHP）と統計学的考察，武蔵工業大学環境情報学部紀要，第五号，研究論文3-4，pp.77～88（2004）
3）酒井浩二，山本嘉一郎：Excelで今すぐ実践！感性的評価—AHPとその実践例，ナカニシヤ出版（2008）
4）高萩栄一郎，中島信之：Excelで学ぶAHP入門—問題解決のための階層分析法，オーム社（2005）
5）八巻直一，高井英造：問題解決のためのAHP入門—Excelの活用と実務的例題，日本評論社（2005）

DEA（包絡分析法）

DEA（包絡分析法）は，効率性を分析する手法の1つであり，企業，学校，個人などを評価するために利用されている。DEAは，① 複数項目での総合評価，② 個性的で多様性を活かした評価，③ 改善値の定量的な把握，が特徴であり，他の分析手法（比率分析，回帰分析など）では見落とされていた新しい分析結果を得ることができる。

本章では，DEAの基本的な考えについて，単純な計算事例を用いて概説する。

9.1 評価とは

何かの**評価**をするとき**効率**を考えると容易である。入力と出力を考えるとき，効率は入力が少なければ少ないほど，出力が多ければ多いほどいい。例えば，ガソリン10Lで100km走る自動車Aと，20Lで150km走る自動車Bでは，自動車Aのほうが効率がいい。すなわち，自動車の評価として効率を考えると，効率＝出力/入力，で計算できる。すなわち，今A～Lの12人の学生の成績が与えられているとき，各学生を評価するには国語の点数で分析する。1入力で出力も国語点数の1出力なので，簡単に効率（評価）を求めることができる。入力を一定（＝1）とすると，A～Lそれぞれの効率は1つしかない出力を1つしかない入力の値で割ればいい（**表9.1**）。

$$効率=\frac{出力}{入力}$$

しかし，入力や出力が複数あるときはどうするか？ 例えば入力が1つ（定

表 9.1　出力が1個のときの成績の評価

	名前	入力	国語	効率
A	絵梨花	1	80	80
B	里奈	1	85	85
C	ちはる	1	5	5
D	玲香	1	52	52
E	琴子	1	65	65
F	楓	1	61	61
G	麻衣	1	52	52
H	眞衣	1	37	37
I	一実	1	31	31
J	七瀬	1	72	72
K	奈々未	1	56	56
L	未央奈	1	45	45

表 9.2　2教科の成績の評価

	名前	入力	国語	数学	効率
A	絵梨花	1	80	40	?
B	里奈	1	85	43	?
C	ちはる	1	5	93	?
D	玲香	1	52	70	?
E	琴子	1	65	85	?
F	楓	1	61	72	?
G	麻衣	1	52	19	?
H	眞衣	1	37	95	?
I	一実	1	31	55	?
J	七瀬	1	72	30	?
K	奈々未	1	56	36	?
L	未央奈	1	45	68	?

数)，出力が2教科（国語と数学）の成績の場合，それぞれの効率（評価）をどのように求めたらよいのか？（**表 9.2**）

出力が2以上の場合にそれぞれの効率を求めるために，各出力に重みをつけ総和を求める。重みのつけ方には，**固定重み**と**可変重み**の2通りがある。

【例題 9.1】 固定重みは誰に対しても同じ重みをつける。例えば，表 9.2 において全員に対して国語 70%，数学 30%の固定重みを用いたときの評価を求めなさい。

（**解説と解答**）　重みが国語 70%，数学 30%なので，各人の評価は

$$0.7\times 国語+0.3\times 数学$$

で求めることができる。したがって，各人の評価は

$$A : 0.7\times 80+0.3\times 40=68.0$$

$$B : 0.7\times 85+0.3\times 43=72.4$$

$$\vdots$$

$$L : 0.7\times 45+0.3\times 68=51.9$$

他のメンバーC～Kの評価も同様に計算した結果を**表9.3**に示す。

表9.3　重みが国語70%，数学30%の評価

	名前	入力	国語	数学	国語重み	数学重み	効率
A	絵梨花	1	80	40	0.7	0.3	68.0
B	里奈	1	85	43	0.7	0.3	72.4
C	ちはる	1	5	93	0.7	0.3	31.4
D	玲香	1	52	70	0.7	0.3	57.4
E	琴子	1	65	85	0.7	0.3	71.0
F	楓	1	61	72	0.7	0.3	64.3
G	麻衣	1	52	19	0.7	0.3	42.1
H	眞衣	1	37	95	0.7	0.3	54.4
I	一実	1	31	55	0.7	0.3	38.2
J	七瀬	1	72	30	0.7	0.3	59.4
K	奈々未	1	56	36	0.7	0.3	50.0
L	未央奈	1	45	68	0.7	0.3	51.9

□

【例題9.2】　表9.2において評価を国語と数学の平均としたときの各人の評価を求めなさい。

（**解説と解答**）　評価が2教科の平均なので，数学と国語の重みを0.5として各人の評価は

$$0.5\times 国語+0.5\times 数学$$

で求めることができる。したがって，各人の評価は

$$\mathrm{A}：0.5\times 80+0.5\times 40=60.0$$

$$\mathrm{B}：0.5\times 85+0.5\times 43=64.0$$

$$\vdots$$

$$\mathrm{L}：0.5\times 45+0.5\times 68=56.5$$

他のメンバーC～Kの評価も同様に計算した結果を**表9.4**に示す。

表 9.4 国語と数学の平均のときの評価

	名前	入力	国語	数学	国語重み	数学重み	効率
A	絵梨花	1	80	40	0.5	0.5	60.0
B	里奈	1	85	43	0.5	0.5	64.0
C	ちはる	1	5	93	0.5	0.5	49.0
D	玲香	1	52	70	0.5	0.5	61.0
E	琴子	1	65	85	0.5	0.5	75.0
F	楓	1	61	72	0.5	0.5	66.5
G	麻衣	1	52	19	0.5	0.5	35.5
H	眞衣	1	37	95	0.5	0.5	66.0
I	一実	1	31	55	0.5	0.5	43.0
J	七瀬	1	72	30	0.5	0.5	51.0
K	奈々未	1	56	36	0.5	0.5	46.0
L	未央奈	1	45	68	0.5	0.5	56.5

□

固定重み法では，もし国語 70%，数学 30%の重み結合では，里奈，琴子，絵梨花の順，国語 50%，数学 50%の重み結合では，琴子，楓，眞衣の順に評価が高い。琴子は国語でも数学でもトップではないが，両科目も平均してできるので，国語 70%，数学 30%結合で 2 位，国語 50%，数学 50%結合でトップになる。これは「個性的な」学生より「平均して優秀な」学生を育てる最近問題になっている評価方法である。国語 70%，数学 30%の根拠がなくこの学生を優遇するのは，国語 50%，数学 50%の割合の学生を優遇するのと同じである。

本章で述べる **DEA**（**包絡分析法**）はまったく別の考え方をする。DEA ではどの人にとっても自分に一番有利な評価方法で評価する。ただし，他人を評価するときは自分の評価方法と同じ方法で評価する。この結果，全学生が同じ重みでなく学生により重みが変化する。DEA では対象となる人を特定し，各人ごとの重みを求める。例として，**表 9.5** に C の「ちはる」を対象とした DEA により求めた可変重みと各人の評価を示す。

表 9.5　ちはるを対象としたDEAによる可変重みと評価

	名前	入力	国語	数学	国語重み	数学重み	効率
A	絵梨花	1	80	40	0.01180	0.00000	81.5
B	里奈	1	85	43	0.00948	0.00451	61.0
C	ちはる	1	5	93	0.00000	0.01050	19.1
D	玲香	1	52	70	0.00330	0.00924	55.9
E	琴子	1	65	85	0.00948	0.00451	63.8
F	楓	1	61	72	0.00948	0.00451	58.3
G	麻衣	1	52	19	0.11800	0.00000	47.5
H	眞衣	1	37	95	0.00330	0.00924	35.2
I	一実	1	31	55	0.00330	0.00924	43.3
J	七瀬	1	72	30	0.01180	0.00000	67.2
K	奈々未	1	56	36	0.00948	0.00451	52.7
L	未央奈	1	45	68	0.00330	0.00924	31.5

9.2　DEAによる評価

DEAでは，各人に最も有利なように各教科に重みをつけるが，ここではその方法を詳しくかつ具体的に説明する。その前にいくつかDEAを記述する用語を説明する。

DEAで求める効率（評価）は基本的に出力/入力で求めるが，複数の入力や出力の場合は，あらかじめ入力や出力の**重み付き和**を求める。今 n 人のそれぞれにつき入力が r 個，出力が s 個あるとする。r 個の入力 $x_1 \cdots x_r$ に重み $v_1 \cdots v_r$ を掛け重み付き和を求め1入力にまとめる。同様に s 個の出力 $y_1 \cdots y_s$ に重み $u_1 \cdots u_s$ を掛け重み付き和を求め1出力にまとめる。そのとき，効率（評価）は，効率＝出力/入力として計算する。すなわち

$$効率 = \frac{u_1 y_1 + \cdots + u_s y_s}{v_1 x_1 + \cdots + v_r x_r}$$

〈入力行列 X と出力 Y〉　n 人の各入力を m 行 n 列の行列 $X=[x_{ij}]$（**表 9.6**）で表す。そのとき p 番目の人の入力は x_{1p}, x_{2p}, …, x_{rp} となる。

表 9.6 1行12列の入力行列 X の例

番号	1	2	3	4	5	6	7	8	9	10	11	12
入力	1	1	1	1	1	1	1	1	1	1	1	1

また，n 人の各出力を s 行 n 列の行列 $Y=[y_{ij}]$（**表 9.7**）で表す。そのとき p 番目の人の出力は y_{1p}, y_{2p}, …, y_{sp} となる。

表 9.7 2行12列の出力行列 Y の例

番号	1	2	3	4	5	6	7	8	9	10	11	12
国語	80	85	5	52	65	61	52	37	31	72	56	45
数学	40	43	93	70	85	72	19	95	55	30	36	68

対象となる人を1人選び対象 p とする。対象 p の r 個の入力重みを v_1, v_2, …, v_r とすると，入力の重み付き和は，$x_p=x_{1p}v_1+x_{2p}v_2+\cdots+x_{rp}v_r$ となる。また，s 個の出力重みを u_1, u_2, …, u_s とすると，出力の重み付き和は，$y_p=y_{1p}u_1+y_{2p}u_2+\cdots+y_{sp}u_s$ となる。

9.3 線形計画法による DEA の解法

DEA により効率（評価）を求めるためには，**線形計画問題**を解かなければならない。ここでは DEA を解き，対象 p にとり最も有利になるように採点したい。このためには対象 p の効率＝出力／入力が最大になるように，入力重み v と出力重み u を求める線形計画問題を解く必要がある。

目的関数は，効率 θ_p＝出力／入力の最大化（**図 9.1**）である。この効率 θ_p は DEA 得点であり，$\theta_p=0.628$ ならば対象 p の DEA 得点は 62.8 点となる。これは評価対象である学生 p が自分にとって一番都合の良い重みをつけるためである。

$$\text{効率 } \theta_p=\frac{\text{統合化出力}}{\text{統合化入力}}=\frac{u_1y_{1p}+\cdots+u_sy_{sp}}{v_1x_{1p}+\cdots+v_rx_{rp}}$$

図 9.1 DEA の目的関数の例

次に DEA における制約条件は次の3点を考える。

① DEA 得点は，全員 100 点以下である。

② 入力ウェイトは，すべて非負である。

③ 出力ウェイトは，すべて非負である。

非負条件②，③は次のように簡単に定式化できる。

②は，　$v_1,\ v_2,\ \cdots,\ v_r \geqq 0$

③は，　$u_1,\ u_2,\ \cdots,\ u_s \geqq 0$

条件①は，DEA 得点（効率値）はすべての人にとり 1 以下なので，次式となり人数分 n 本が必要である。

$$\text{効率}\ \theta_j = \frac{\text{出力}}{\text{入力}} \leqq 1 \quad (1 \leqq j \leqq n)$$

以上をまとめると，DEA は次の**数理計画問題**として定式化できる。

目的関数：$\theta_p \rightarrow$ **最大化**

制約条件：$\theta_j \leqq 1 \quad (1 \leqq j \leqq n)$

非負条件：$u_1,\ \cdots,\ u_s \geqq 0$

$v_1,\ \cdots,\ v_r \geqq 0$

上式の効率 θ_p に重み付き入力と出力を代入すると，次式の数理計画問題となる。

【目的関数】

$$\max \theta_p = \frac{u_1 y_{1p} + \cdots + u_s y_{sp}}{v_1 x_{1p} + \cdots + v_r x_{rp}}$$

【制約条件】

$$\theta_j = \frac{u_1 y_{1j} + \cdots + u_s y_{sj}}{v_1 x_{1j} + \cdots + v_r x_{rj}} \leqq 1 \quad (1 \leqq j \leqq n)$$

【非負条件】

$$u_1,\ \cdots,\ u_s \geqq 0,\ \ v_1,\ \cdots,\ v_r \geqq 0$$

以上で DEA を数理計画問題として定式化できたことになる。しかしこれは線形計画問題ではなく，**分数計画問題**といわれる非線形の問題である。目的関数や制約式が分数の形をしているので，解法が線形計画法に比べて難しくなる。

詳細は省く（刀根[3] 参照）が，この分数計画問題は評価対象の学生 p の仮想的入力を 1 に固定して規準化し，すべての学生の効率値が高々 1 という制約のもとに仮想的出力を最大化する重みを求める線形計画問題と等価である。この問題は，評価対象の学生の効率値も高々 1 に抑えられるので，この学生に都合の良い重みを与えて効率値を 1 にしようとする問題とも考えられる。

具体的には，初めに制約条件式を考える。制約条件式の分母を払うのは簡単である。両辺に分母を掛ければ単なる線形不等式に変換できる。

【新制約条件】

$$u_1y_{1j}+\cdots+u_sy_{sj}\leqq v_1x_{1j}+\cdots+v_rx_{rj}\quad(1\leqq j\leqq n)$$

次に目的関数の分母を払うためには，分母＝1 という線形等式を加えそれに伴う目的関数を変形するとよい。

【新目的関数】

$$\max\theta_p=u_1y_{1p}+\cdots+u_sy_{sp}$$

【新制約条件】

$$v_1x_{1p}+\cdots+v_rx_{rp}=1$$

以上をまとめると，DEA 問題は次の**線形計画問題**となる。

【目的関数】

$$\max\theta_p=u_1y_{1p}+\cdots+u_sy_{sp}$$

【制約条件】

$$v_1x_{1p}+\cdots+v_rx_{rp}=1$$

$$u_1y_{1j}+\cdots+u_sy_{sj}\leqq v_1x_{1j}+\cdots+v_rx_{rj}\quad(1\leqq j\leqq n)$$

【非負条件】

$$u_1,\ \cdots,\ u_s\geqq 0,\ \ v_1,\ \cdots,\ v_r\geqq 0$$

9.4 Excel ソルバーによる DEA の解法

これらの式は一見難しいので，簡単な数値例を用いて線形計画問題の定式化を説明する。

【例題 9.3】 A〜E の 5 人の 2 教科 u_1, u_2 の成績が**表 9.8** に与えられているとき，A 君の DEA 評価値を求めなさい。

表 9.8　5 人の学生の2 教科の成績

	入力	出力	
	v	u_1	u_2
A	1	2	6
B	1	3	3
C	1	3	9
D	1	7	5
E	1	9	1

（解説と解答） 5 人の 2 教科の成績を 2 次元座標表示すると**図 9.2** になる。入力は A〜E ですべて 1 とする。A 君の DEA 値を求める問題を**線形計画問題**として定式化する。

入力重みを v，出力重みを u_1，u_2 とすると，目的関数は

$$\max\theta_A = 2u_1 + 6u_2$$

となり，等式制約と不等式制約，非負条件は次のようになる。

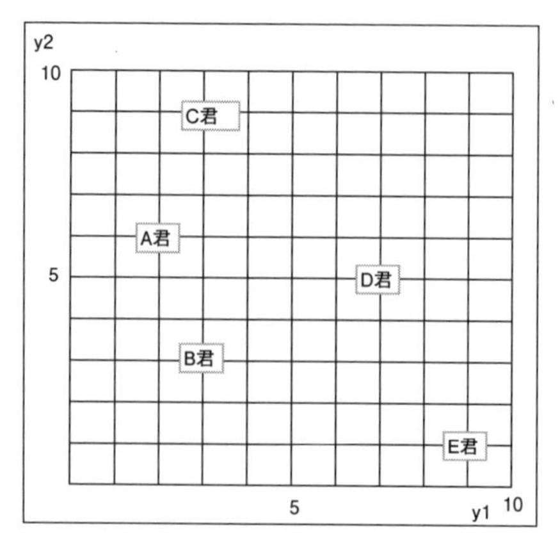

図 9.2　5 人の学生成績の 2 次元表示

$v=1$

$2u_1+6u_2 \leqq v$

$3u_1+3u_2 \leqq v$

$3u_1+9u_2 \leqq v$

$7u_1+5u_2 \leqq v$

$9u_1+\ \ u_2 \leqq v$

$v,\ u_1,\ u_2 \geqq 0$

等号制約の $v=1$ を不等号制約の右辺に代入し問題から変数を消去すると，A 君の DEA 値を求める問題は次のような線形計画問題となる。

【目的関数】

$\max\theta_A = 2u_1+6u_2$

【制約条件】

$sub.to\quad 2u_1+6u_2 \leqq 1$

$3u_1+3u_2 \leqq 1$

$3u_1+9u_2 \leqq 1$

$7u_1+5u_2 \leqq 1$

$9u_1+\ \ u_2 \leqq 1$

$u_1,\ u_2 \geqq 0$

この問題を **Excel ソルバー**で解く。**図 9.3** の Excel シート上のセル B4〜D8 に表 9.8 のデータを入力した後，B11〜D11 までの，答えの領域を確保する。変数セル C11 と D11 を用い，セル B13 に目的関数を入力，セル B14〜B18 に制約式を入力する。

次に，Excel のデータタブの分析グループの中のソルバーをクリックすると，**図 9.4** のメニューが現れる。目的（関数）セルの設定，最大値・最小値チェック，変数セルの変更（設定），制約条件入力，非負制約をチェック，解決方法，線形化・非線形化のチェックを以下のように設定する。

① 入出力シート上の目的関数セル $B$13 を指定する。

② 目標値の最大値にチェックを入れる。

	A	B	C	D	E
1					
2		入力	出力1	出力2	
3	決定変数	v	u1	u2	
4	A	1	2	6	
5	B	1	3	3	
6	C	1	3	9	
7	D	1	7	5	
8	E	1	9	1	
9					
10		v	u1	u2	
11	変数	0	0	0.111111	
12					
13	目的：最大化	0.666667		2*C11+6*D11	
14	制約条件1	0.666667		2*C11+6*D11	
15	制約条件2	0.333333		3*C11+3*D11	
16	制約条件3	1		3*C11+9*D11	
17	制約条件4	0.555556		7*C11+5*D11	
18	制約条件5	0.111111		9*C11+D11	
19					

図 9.3　成績評価のための Excel ソルバーの入出力シート

図 9.4　Excel ソルバーのパラメーター設定

③　シート上の変数セル $B$11～$D$11 を指定する。

④　制約条件式は 5 本をまとめて $B$14:$B$18<=1 と入力する。

⑤　非負変数制約をチェックし，解決方法はシンプレックス LP を選択する。

入力を終え最後に解決（実行）ボタンをクリックすると，**図 9.5** から Excel ソルバーによりすべての制約条件を満たす最適解が得られたことがわかる。OK ボタンを押すと，入出力シート**図 9.6** に最適解や変数の値が示される。

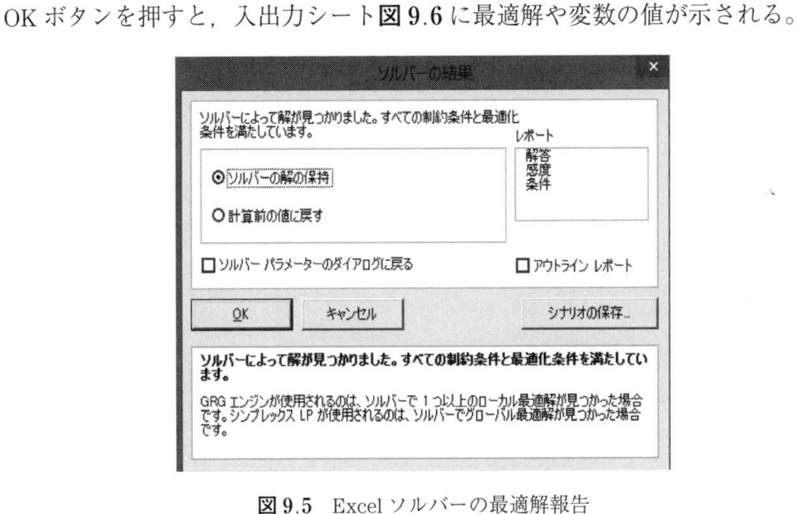

図 9.5　Excel ソルバーの最適解報告

	A	B	C	D	E
1					
2		入力	出力1	出力2	
3	決定変数	v	u1	u2	
4	A	1	2	6	
5	B	1	3	3	
6	C	1	3	9	
7	D	1	7	5	
8	E	1	9	1	
9					
10		v	u1	u2	
11	変数	0	0	0.111111	
12					
13	目的: 最大化	0.666667		2*C11+6*D11	
14	制約条件1	0.666667		2*C11+6*D11	
15	制約条件2	0.333333	←	3*C11+3*D11	
16	制約条件3	1		3*C11+9*D11	
17	制約条件4	0.555556		7*C11+5*D11	
18	制約条件5	0.111111		9*C11+D11	
19					

図 9.6　Excel ソルバーによる A 君の最適 DEA 評価

図から，A 君の DEA 値は重み $u_1=0$，$u_2=0.111$ で DEA 値は 0.667，すなわち得点に換算すると 66.7 点となる。 □

【例題 9.4】　A～E の 5 人の 2 教科 u_1，u_2 の成績が表 9.8 に与えられているとき，B 君の DEA 評価値を求めなさい。

（**解説と解答**）　例題 9.3 と同様に定式化すると，B 君の **DEA 評価値**を求める線形計画問題は次のようになる。制約式は A 君の場合と同じで目的関数だけが異なる。

【目的関数】

$$\max\theta_B = 3u_1 + 3u_2$$

【制約条件】

$$\begin{aligned} sub.to \quad & 2u_1 + 6u_2 \leqq 1 \\ & 3u_1 + 3u_2 \leqq 1 \\ & 3u_1 + 9u_2 \leqq 1 \\ & 7u_1 + 5u_2 \leqq 1 \end{aligned}$$

	A	B	C	D
1				
2		入力	出力1	出力2
3	決定変数	v	u1	u2
4	A	1	2	6
5	B	1	3	3
6	C	1	3	9
7	D	1	7	5
8	E	1	9	1
9				
10		v	u1	u2
11	変数	0	0.083333	0.083333
12				
13	目的: 最大化	0.5		3*C11+3*D11
14	制約条件1	0.666667		2*C11+6*D11
15	制約条件2	0.5	←	3*C11+3*D11
16	制約条件3	1		3*C11+9*D11
17	制約条件4	1		7*C11+5*D11
18	制約条件5	0.833333		9*C11+D11

図 9.7　Excel ソルバーによる B 君の最適 DEA 評価

$$9u_1 + \ u_2 \leqq 1$$

$$u_1,\ u_2 \geqq 0$$

B 君の問題も同じく Excel ソルバーで解くと**図 9.7** のようになり，B 君の DEA 値は重み $u_1=0.083$，$u_2=0.083$ で DEA 値は 0.5，すなわち 50.0 点となる。□

A 君と B 君の DEA 値を求める線形計画問題と解は**図 9.8** と**図 9.9** のようにまとめることができる。これらの結果を**図 9.10** にまとめる。なお，2 教科の成

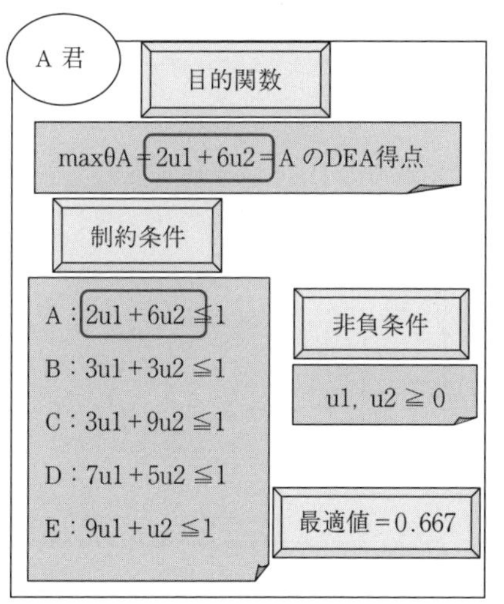

図 9.8　A 君のための線形計画問題と DEA 値

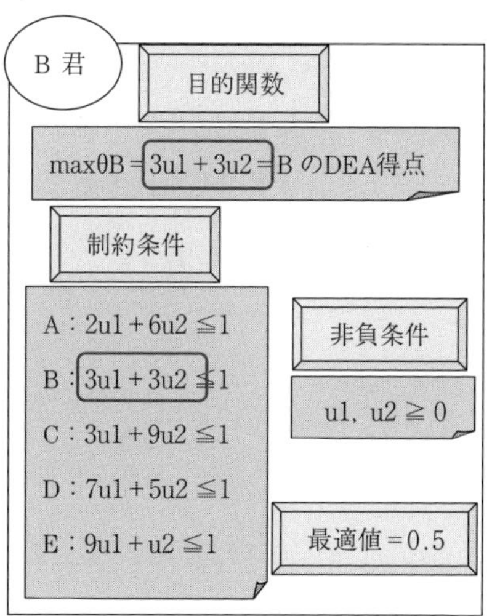

図 9.9　B 君のための線形計画問題と DEA 値

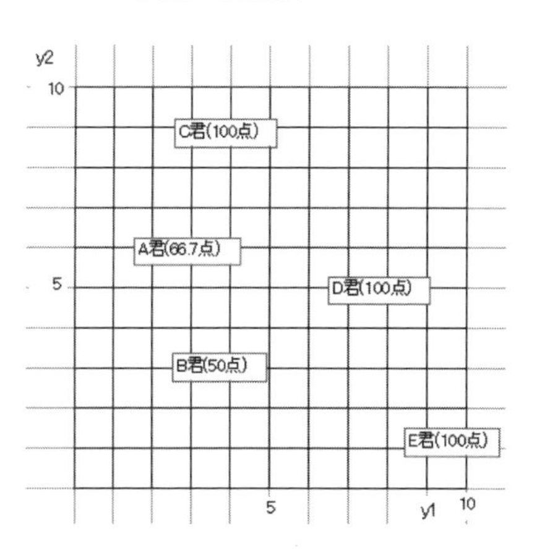

図 9.10　5 人の学生の成績分布と線形計画法による最適 DEA 値

績データに対するC，D，EのDEA値は1.0，すなわち100点であることは図9.10から明らかなので，ここでは求める必要がない。

9.5 DEA の 応 用

本節では，DEAの応用として，チェーン店の店舗の評価と大学学部の評価の例を述べる。

【例題9.5】 チェーン店の各店舗データとして，入力の従業員数と店舗面積，出力の売上高が**表9.9**に与えられるとき，店舗AのDEA評価値を求めなさい。

表9.9 チェーン店5店舗のデータ

	店舗				
	A	B	C	D	E
従業員 x_1	4	5	7	4	2
面積 x_2	3	2	1	2	4
売上高 y	1	1	1	1	1

（**解説と解答**） 表において売上高はすべて1とおき，単位当りの売上に必要な従業員と面積を入力する。店舗AのDEA評価値を求める問題を線形計画問題として定式化する。成績による学生評価問題の1入力2出力（例題9.3と9.4）とは異なり，この問題は2入力1出力であるので，定式化に際しては注意をする必要がある。

入力重みをv_1，v_2，出力重みをuとすると，目的関数は

$$\max\theta_A = u$$

となり，等式制約と不等式制約，非負条件は次のようになる。

$$4v_1 + 3v_2 = 1$$

$$u \leqq 4v_1 + 3v_2$$

$$u \leqq 5v_1 + 2v_2$$

$$u \leqq 7v_1 + v_2$$
$$u \leqq 4v_1 + 2v_2$$
$$u \leqq 2v_1 + 4v_2$$
$$v_1,\ v_2,\ u \geqq 0$$

上記1番目の制約式は評価対象の店舗Aの重み付き入力を1に基準化する制約である。残る5本の制約式は比較対象であるすべての店舗（自分の店舗A自身を含む）の効率値を1以下に抑える制約である。目的関数は店舗Aの重み付き出力であり，店舗Aの効率値も1以下に抑えるので，目的関数の最大値は1以下である。ただし，店舗Aに都合の良い重みで評価しても，店舗Aの効率値が1になるとは限らない。

この店舗評価問題を線形計画問題のExcelソルバーで解くと，店舗AのDEA値6/7で，入力重み $v_1=1/7$，$v_2=1/7$，出力重み $u=6/7$ となる。また，この問題は2変数なので，図でも容易に解くことができる。店舗AのDEA値は6/7で，自分に最も都合の良い重みを用いたにもかかわらず効率1を達成できない。 □

他の店舗のDEA値も同じくExcelソルバーで解くことができる。全店舗の結果を**表9.10**に示す。表から店舗C，D，Eの効率性を評価すると，それらの目的関数値は1となり，店舗C，D，Eが効率的でないとはいえない。これに対して，店舗AとB，特に店舗Aは最も都合が良いはずの重みで各店舗を評価したにもかかわらず，効率値1を達成できない何かの問題がありそうである。

表9.10 チェーン店5店舗の最適DEA値と効率値

店舗	最適値（重み）			効率（DEA値）				
	u	v_1	v_2	A	B	C	D	E
A	6/7	1/7	1/7	6/7	6/7	3/4	1	1
B	10/11	1/11	3/11	10/13	10/11	1	1	5/7
C	1	1/10	3/10	10/13	10/11	1	1	5/7
D	1	1/10	1/10	10/13	10/11	1	1	5/7
	1	1/6	1/6	6/7	6/7	3/4	1	1
E	1	1/6	1/6	6/7	6/7	3/4	1	1

表において，店舗Dは最適解を2つもつが，その他は1つだけである。目的関数uの最大値が1である店舗C，D，Eは**効率フロンティア**上にある。また，各店舗の参照点集合は効率が1の店舗として**表9.11**に与える。

表9.11　チェーン店5店舗の参照点集合

店　舗	A	B	C	D	E
参照点集合	D，E	C，D	C，D	C，D，E	D，E

【例題9.6】　大学の学部の多面的な特徴を総合的に評価するために，評価項目のトレードオフを無理やりに解決せず，また評価者の思い入れを排除する方法としてDEA評価法を用いる。大学学部の評価にあたり，入力として教員数と蔵書数，出力として学生数，外部研究費，論文数が**表9.12**で与えられるとき，A，B，Cの3学部のDEA評価値を求めなさい。

表9.12　大学学部評価のためのデータ

学部	入力1（教員数）	入力2（蔵書数）	出力1（学生数）	出力2（研究費）	出力3（論文数）
A	19	15	20	3.25	10
B	24	30	25	7	20
C	21	24	20	6	26

（解説と解答）　ここでは，学部BのDEA値を求める問題を線形計画問題として定式化する。上記の問題とは異なり，この問題は2入力3出力であるので，定式化に際しては注意をする必要がある。

入力重みをv_1，v_2，出力重みをu_1，u_2，u_3とすると，目的関数は

$$\max \theta_B = 25u_1 + 7u_2 + 20u_3$$

となり，等式制約と不等式制約，非負条件は次のようになる。

$$24v_1 + 30v_2 = 1$$

$$-19v_1 - 15v_2 + 20u_1 + 3.25u_2 + 10u_3 \leqq 0$$

$$-24v_1 - 30v_2 + 25u_1 + 7u_2 + 20u_3 \leqq 0$$

$$-21v_1 - 24v_2 + 20u_1 + 6u_2 + 26u_3 \leqq 0$$

$v_1,\ v_2,\ u_1,\ u_2,\ u_3 \geqq 0$

上記1番目の制約式は，評価対象の学部Bの仮想的入力を1に基準化する制約である。残る3本の制約式は，比較対象であるすべての学部（自分の学部B自身を含む）の効率値を高々1に抑える制約である。目的関数は学部Bの仮想的出力であり，学部Bの効率値も高々1に抑えているので，目的関数の最大値は高々1である。ただし，学部Bに都合の良い重みで評価しても，学部Bの効率値が1になるとは限らない。

この学部評価問題を線形計画問題のExcelソルバーで解くと，学部BのDEA値は約0.98で，自分に最も都合の良い重みを用いたにもかかわらず効率1を達成できない。 □

ここでは省略するが，同様に学部Aや学部Cの効率性を評価すると，それらの目的関数値は1となり，学部Aや学部Cが効率的でないとはいえない。これに対して学部Bは自分にとり最も都合が良いはずの重みで各学部を評価したにもかかわらず効率値1を達成できなかったので，問題がありそうである。

DEA（包絡分析法）は，このようにして対象とするシステム間の効率性を相対的に比較して効率性の評価を行う方法である。

演　習　課　題

【課題9.1】　学生成績のDEA値

学生の2教科の得点データを**表9.13**に示す。表のデータを用いて線形計画問題を定式化し，またExcelソルバーにより，B君の成績データのDEA値を求めなさい。

表9.13　5人の学生の2教科の成績

	入力	出力	
	x	y_1	y_2
A	1	2	6
B	1	3	3
C	1	3	9
D	1	7	5
E	1	9	1

【課題9.2】　チェーン店のDEA値

チェーン店の各店舗のデータを**表9.14**に示す。入力の従業員数と店舗面積，出力の売上高を用い，店舗 B の DEA 評価値を求めるための線形計画問題を定式化し，Excel ソルバーにより，店舗 B の DEA 値を求めなさい。

表 9.14　チェーン店 5 店舗のデータ

	店舗 A	B	C	D	E
従業員 x_1	4	5	7	4	2
面積 x_2	3	2	1	2	4
売上高 y	1	1	1	1	1

【課題 9.3】　学部の DEA 評価値

表 9.15 の学部データを各学部で用いて，線形計画問題を定式化し，また Excel ソルバーにより，学部 A と学部 C の DEA 評価値を求めなさい。

表 9.15　大学学部評価のためのデータ

学部	入力 1（教員数）	入力 2（蔵書数）	出力 1（学生数）	出力 2（研究費）	出力 3（論文数）
A	19	15	20	3.25	10
B	24	30	25	7	20
C	21	24	20	6	26

さらに勉強するために

包絡分析法（DEA）は，近年その有効性を認められた手法であるので，文献の数はそれほど多くない。その中でも文献 1）は古本でしか手に入らない古典的名著であり，DEA の考え方や使い方が豊富な例題や Excel による計算手順とともに詳しく解説してある。文献 2）は訳本であるが，DEA の基本的モデルの解釈を丁寧に紹介し，その考え方がどのように導かれたかを示す。また応用例として，DEA による大学の多面的評価については文献 3）を参照されたい。

参考文献

1）　今野浩，後藤順哉：意思決定のための数理モデル入門，朝倉書店（2011）
2）　Wade D. Cook and Joe Zhu（森田浩訳）：データ包絡分析法 DEA，静岡学術出版（2014）
3）　刀根薫：経営効率性の測定と改善－包絡分析法，日科技連（1993）

組合せ最適化

第3章の「線形計画法」で最適化問題について紹介した。最適化問題はオペレーションズリサーチにおいて中心的な課題であり，また，線形計画法のほかにもタイプが異なる最適化の問題が存在する。ここでは，その1つである組合せ最適化問題を紹介する。組合せ最適化は，組合せ的な性質をもつ最適化問題であり，計画，生産，物流などのマネージメントの世界で数多く現れる問題でもある。

10.1　最適なものを見つける

最適化問題は，ある制約条件のもと，決められた目的関数の値を最小化，あるいは最大化する問題である。このとき，目的関数，制約条件が一次式（線形）で表され，変数が連続値をとるものを線形計画問題と呼ぶ。しかし，最適化問題はこれ以外にも多くの種類がある。変数が連続でなく整数であるもの，目的関数，制約条件に高次の項も含むものなどさまざまなクラスが存在し，難しさ，解き方なども違ってくる。では，次の問題を考えてみよう。

【例題 10.1】　あるセールスマンがアメリカの5都市（シアトル，デンバー，ラスベガス，ニューヨーク，マイアミ：**図 10.1**）を訪ね，ビジネスの商談に行かねばならない。ヘリコプターをレンタルしまわる予定であるが，移動距離を最小にして経費を抑えねばならない。シアトルから出発し，すべての都市を一回ずつまわり，シアトルに戻るための最小な距離となるまわり方（巡回路）を示しなさい。

図 10.1　アメリカの 5 都市

さて，この問題は，線形計画法のように定式化でき，線形計画法の解法（シンプレックス法）で解けるのであろうか。数式で表すことは可能であるが，その定式化された式をみる限り線形計画法のタイプとは異なる（変数の値は連続値で扱っていない）。例題 10.1 のタイプはいくつかの可能な組合せ（可能な道順）の中でどれが一番良いかという問題のタイプで，**組合せ最適化問題**というクラスに属する。異なる種類の問題であり，線形計画法での考え方は利用できない。では，このような問題に対して，どのように考えていけばよいだろうか。

10.2　巡回セールスマン問題

この例題 10.1 自身は非常にわかりやすく，難しく考えずとも簡単に解けてしまいそうな問題に見える。皆さんも簡単に答えを導き出したのではないだろうか。おそらく

シアトル，ラスベガス，デンバー，マイアミ，ニューヨーク，シアトル

シアトル，デンバー，ラスベガス，マイアミ，ニューヨーク，シアトル

の 2 つの巡回路のどちらかで，距離を測れば前者が約 10 784 km，後者が約 11 798 km であり，前者のシアトルから出発し，ラスベガス，デンバー，マイアミ，ニューヨークからシアトルに戻るのが答えであると誰でも導き出しているのではないか。まったくその通りである。

人間の場合，上記の 2 つの候補は図から直感的に導き出しているであろう。しかし，コンピュータは図形を見て直感的に候補を選び出す作業を苦手とするため，すべての巡回路の組合せを調べてみて，その中で一番良い答えを導き出す方法をとる。人間も都市数が多くなれば図形データから直感的に候補を選択するのは難しくなるであろう。すなわち，この問題の解き方は，すべての可能なまわり方の組合せを列挙し，その中で一番短い距離である道順を答えとすればよいだけである。

例題 10.1 では 5 都市であるから，全部のまわり方の組合せは 24 通りとなる。その 24 通りのまわり方それぞれの距離を求め比較し，一番小さい距離をもつまわり方を答えとすればよいだけである。したがって，すべての可能な道順を列挙してその中で最良な巡回路を見つければ解けるというあまりにも単純でナンセンスな問題である。しかし，この問題がオペレーションズリサーチをはじめ情報分野における重要な問題となっており，**巡回セールスマン問題**（traveling salesman problem：TSP）と命名までされている。

【例題 10.2】 例題 10.1 において，24 通りの巡回路を列挙し答えを見つける方法をとった場合，コンピュータによりどのくらいの時間で解けるであろうか。また，訪問しなければならない都市数が 30 となった場合，どのくらいの計算時間がかかるか推測しなさい。

あなた方がもっているパソコンでも，例題 10.1 の場合，1 秒もかからず，あっという間に計算できるであろう。ところが，その都市数が増えていくと道順の数がどうなるかが，この TSP のネックとなる。都市数を n とすれば，出発点から次の都市への行き方は（$n-1$）通りであり，さらに，その都市から次の都市への行き方は（$n-2$）通りと考えていけば，全巡回路の数は（$n-1$)! 通りとなる。これはスターリングの公式（$n! \approx \sqrt{2\pi n}(n/e)^n$）によりほぼ n^n 通りと表すことができる。すなわち，都市数の増加により指数関数的にすべての可能な道順の組合せ数が増加する。これを**組合せ的爆発**と呼ぶ。

例えば，30 都市の 1 つの巡回路のコストを 1 秒間に 10^{12}（1 兆）回計算できるスーパーコンピュータが仮にあった場合，30 都市の全巡回路の数は 29!≒約 8.8×10^{30} 個である。30 都市のすべての巡回路を計算するには，$8.8\times10^{30}/10^{12}=8.8\times10^{18}$ 秒となる。一年は 3.15×10^{7} 秒であるので，30 都市の TSP の答えを求めるには，$8.8\times10^{18}/(3.15\times10^{7})$≒約 2 800 億年（$2.8\times10^{11}$）年もかかるということである。すなわち，高々 30 都市を計算するのに数千億年，あるいは数兆億年という天文学的計算時間を要してしまう。

また，これらの問題はいかにコンピュータのスピードが高速になろうが，その計算時間は雀の涙ほどしか改善されない。というか，必要とする計算時間は残念ながら天文学的な値のままである。いわゆる **NP 困難**な問題の代表例であり，計算時間は問題のサイズ（都市数）に対して指数関数的に増加する傾向を示す。

【例題 10.3】　TSP を実際に適用できる応用例について検討しなさい。

TSP は，いくつかの実務的な問題で実際に応用されている。その代表的な例として，ドリル経路最適化の問題がある。これは電子基盤の穴あけの作業において，その穴あけのドリルが巡回する経路長を最適化する問題である。部品を埋め込むための穴を電子基盤にあけるため，ドリルは自動制御され，多数の穴を順次あけていく。このときの順序を決定する問題が TSP として適用でき，その解は，ドリルが巡回する経路の総移動距離を最小化する値となる。それにより，穴あけの経路長，および，穴あけの作業時間などの短縮化が可能となる(単位時間当りの生産量を最大化できる)。

また，スケジューリングの問題としても利用されている。たとえば，仕事 i から仕事 j を行うために必要なコスト c_{ij} が割り当てられる。そのうえですべての仕事を完了したい。このとき，この費用の総和が最小となるような処理の順番を求めるスケジューリング問題は，都市を仕事と見立てた TSP に置き換えられる。その他，配送計画の問題などには部分的に TSP が採用されている。この場合，運搬経路にかかる時間，あるいは距離などがコストとなり，まさに TSP

そのものである。

10.3　組合せ最適化問題をいかにして解くか

組合せ最適化問題で，正しい解（厳密解）を得るためには，可能な組合せを全部列挙して探索する以外にない。しかし，本問題は，問題の大きさに対して指数関数的な計算時間が要求される計算困難な問題である。そこで，改善が見込めない解への探索を打ち切り，探索領域を狭め，計算の負担を軽減し厳密解を導き出す**分枝限定法**が用いられている。TSP では，探索領域を狭める限定操作が工夫され，かなりの大きさの問題まで解いた結果も示されている。ただし，問題の大きさにより時間を要し，かつ扱う問題によっては限定操作が発揮できなくなり実用的な使用には向かない場合がある。

そこで，より実用面で対応可能な解き方を考えてみたい。問題を解決するためには，一方向的な見方だけでなく，より多面的な見方が必要であろう。すなわち，見方を変えてみると問題が打開されることがある。この最短路の問題において，必ず正確な厳密解が実用上必要であろうか。実際の問題では，厳密解でなくてもよい場合が多い。例えば，買い物のルートを決めるには，厳密解でなくともある程度それに近ければ問題がないはずである。すなわち，厳密な解ではないが，それにより近い解（近似解）を求めてみれば済むことが多い。

【例題 10.4】　TSP に対する近似解を求めるアルゴリズムを検討しなさい。

アルゴリズムというのは，どのように問題を解くか，すなわち計算の手順，やり方を考えることである。オペレーションズリサーチの世界においても，さまざまな問題に対する解をどのように求めるかは重要な課題である。このアルゴリズムを工夫して，良い解き方を考えたい。また，問題に対して，さまざまなアルゴリズムが提唱できるが，その優劣は見方によって異なる場合がある。例えば，本問題の場合，答えの精度（厳密解にどれだけ近いか），計算速度（ど

のくらいの時間で求まるか)，容易さ（作りやすいか）などの視点が考えられる。

では，皆さんはどのようなアルゴリズムを考えただろうか。例えば，次に示す**貪欲法**などは一番簡単な方法であろう。

〈**貪欲法**〉

・**ステップ1**：出発点から一番近い都市を選び進む。

・**ステップ2**：現地点から，訪れていない都市の中で一番近い都市を選び進む。

・**ステップ3**：まだ訪れていない都市があるならばステップ2に戻る。すべての都市をまわったならば，出発点に戻りその巡回路を出力して終了。

これは非常に簡便で，計算時間も要しない。しかし，目先のことしか考えないので，最終的に求まった答えは，かなり精度が悪いものとなる。全体的な視野で物事を見る必要が最適化の世界でも必要である。

そこで，精度の高い解を求める近似解法が数多く開発された。その一群として**メタヒューリスティクス**がある。メタヒューリスティクスは計算困難な組合せ最適化問題を効果的に解く有効な近似解法のクラスであり，種々の戦略を有機的に結合させ，あるいは反復させることにより，良質な近似解を得る発見的解法を指す。このメタヒューリスティクスの基本的なフレームワークとして，**局所探索法**（local search）がある。

局所探索法は最大の値を求める問題の場合，標高（コスト関数）の高い位置へ移動する山登りにたとえて考えることができる。現在の場所から限られた視野の範囲（近傍）の中で，決して下がることなく高いほうへ移動する。さらに移動した位置から，また，限られた視野の範囲の中で高いほうへと進んでいくことを繰り返し，もはや上れなくなった段階でその場所を答えとする方法である。

しかし，この方法だと，多くの峰が存在する場合，必ずしも上れなくなった場所が多くの山の中での最高峰（求めたい大域的最適解）とは限らない。多くの場合，せいぜい丘（局所解）程度であろう。しかし，貪欲法などと比べ解は大きく改善され，これを基本として多くの優れたアルゴリズムが展開されている。局所探索法の手順を次に示しておく。

〈**局所探索法**〉

・**ステップ 1**：初期解 x を生成する。

・**ステップ 2**：解 x の近傍 $N(x)$ の中に改善する解がないならば x を出力して終了。

・**ステップ 3**：$N(x)$ の中の改善解を選び新たな x とし，ステップ 2 に戻る。

ここで解とは，TSP の場合，都市 3, 1, 2, 6, 4, 5, 3 と巡回するならば，$x=(3, 1, 2, 6, 4, 5)$ として表現される。また，**近傍** $N(x)$ とは，解 x に対して少し変更を加えることで得られる解の集合をいう。局所探索法では，何らかの方法で得られた解 x に対して，その近傍 $N(x)$ を定義し，$N(x)$ 中の解の中で目的関数値を改善できるものがあれば，それに置き換えるという方法により解の探索を進める。そして，改善が得られなくなるまで反復し，改善ができなくなった段階で現在の解を近似解として出力する。

その局所探索法の進行の様子を**図 10.2** に示す。初期解 x_1 が与えられて，その近傍 $N(x_1)$ の中の改善解 x_2 に移動し，同様な操作を繰り返し，x_k が得られるとその近傍 $N(x_k)$ 中に改善解が見出せなくなり探索が停止するプロセスが示されている。そのときの x_k は近傍 $N(x_k)$ 内に x_k より良い解がなく，**局所最適解**と呼ばれる。

最後に，解 x の近傍 $N(x)$ を定義しておかねばならない。近傍は，組合せ最適化問題ごとに異なり，さらに，各問題に対して各種各様の近傍が定義できる。

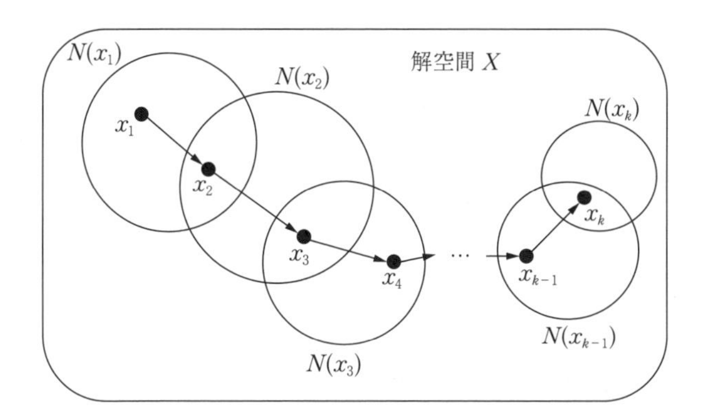

図 10.2　局所探索法の探索過程

TSPの近傍も数多く提案されているが，その代表的な近傍である2-opt近傍を紹介しておく。2-opt近傍は，**図10.3**のように，解xの2つのエッジを取り除き，再び新たな巡回路が得られるように2つの新しいエッジを加える操作である。その操作によって新たな解が生成される。この操作を施して，解xに対しての新たな解の集合$N(x)$を定義する。

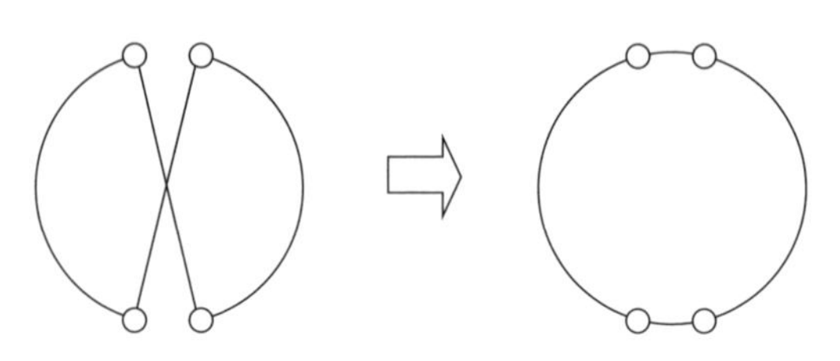

図10.3　2-opt近傍

局所探索法の問題として，探索の早い段階で，精度の悪い局所解に落ち込んでしまう傾向がある。それを打開するため，新たなパラダイムとしてメタヒューリスティクスが提案されている。そこでは，さまざまな奇抜な考え方が導入され，枠組みにとらわれない新たな方法が提案されている。代表的なものとしてアニーリング法，Tabu Search，遺伝アルゴリズムなどがあり，これらを総称してメタヒューリスティクスと呼んでいる。

たとえば**アニーリング法**は，物理現象における焼きなましの考え方を用いている。高温時における原子の配列はランダムでありエネルギーの高い状態にある。それが徐々に冷却することにより，原子の並びが整ったかたちに整列された基底状態，すなわちエネルギーの最小な状態へと到達する。この物理学での状態を組合せ最適化問題の解，および状態のもつエネルギーを解のコストと対応づけ，その相似性に着目して開発したのがアニーリング法のアルゴリズムである。また，進化の過程を模倣し，世代を重ねるごと環境に適した生物に進化していく現象を，最適化問題のアルゴリズムに応用した遺伝アルゴリズムなどが知られている。

このように，組合せ最適化問題に対するアルゴリズムの世界は，斬新，かつ奇抜な発想が数多く展開される創造的な分野となっている。

10.4 いろいろな組合せ最適化問題とその定式化

組合せ最適化問題は，計画，生産，物流などビジネス，公共政策の世界において数多く適用され，これらにおける意思決定の問題が組合せ最適化問題としてモデル化される。では，どのようなところに組合せ最適化が適用されるか例題などを示しておく。また，その中で組合せ最適化問題に対するモデル化（定式化）についてまとめておく。モデル化とは，問題に直接関係しないものをカットして極力単純化し，現実世界の問題を単純・明快な「モデル」として置き換えることをいい，定式化はその1つである。問題をあやふやなままにして考えず，モデル化し問題自身を明快にすることが，与えられた問題を解くうえでの重要なプロセスの1つであることは心得てほしい。

【例題 10.5】 ある会社で，**表 10.1** に示されたプロジェクトが採用候補としてあがっている。予算1 300万円以内で，予想利益（純利益）が最大になるようプロジェクトを採用したい。本問題を定式化しモデル化しなさい〔単位：万円〕。

表 10.1 プロジェクトに対する利益と予算

プロジェクト	A	B	C	D	E
予想利益	160	170	100	150	70
予　算	600	550	400	250	200

これも組合せ最適化問題の1つで，「容量制限内で利益を最大に」ナップザックに詰め込む組合せを求めるイメージから，**ナップザック問題**と命名されている。定式化にあたり，x_1, x_2, …, x_5 の5つの変数を用意する。x_1 はプロジェクトAに対応し，x_2 はプロジェクトBに対応していく。そして，プロジェクトAを採用した場合，x_1 は1，採用しなかった場合は0とする。その他のプロジェクトに関しても同様な扱いとし，5つの変数が1か0でプロジェクトの採用，不採用を示すものとする。これによって，定式化された式は

目的関数　$160x_1 + 170x_2 + 100x_3 + 150x_4 + 70x_5 \rightarrow$ 最大

制約条件　$600x_1 + 550x_2 + 400x_3 + 250x_4 + 200x_5 \leqq 1\,300$

$x_1, x_2, \cdots, x_5 = 0$ または 1

となる。ここでの目的関数は，任意のプロジェクトが採用された場合，対応する変数が 1 となり，そのプロジェクトの予想利益が目的関数に加算され，予想利益の合計値となる。これを制約条件のもと最大化する問題となる。制約条件の 1 番目の式は，予算の限度額 1 300 万円以内に収まる条件を示した式であり，2 番目の制約式は，変数が 0 か 1 をとることに制限したものである。組合せ最適化問題のうち，変数が整数に限られる問題を**整数計画問題**といい，その中で，変数が 0 か 1 に限る問題を，**0-1 整数計画問題**という。本問題は，この 0-1 整数計画問題として定式化されている。さて，もう 1 つ組合せ最適化問題の例をみてみよう。

【例題 10.6】　ある学習塾で，3 人の学生アルバイト a，b，c がおり，彼らに夏休みの集中講義の担当科目を割り当てなければならない。科目は，数学，英語，国語，理科の 4 つである。ただし，以下の条件で分担する必要がある。どのように割り当てればより良い結果が得られるか。本問題を定式化しモデル化しなさい。

①　a は 2 つ以下，b はちょうど 2 つ，c は 2 つ以上担当する。

②　数学，英語は 2 人，国語は 1 人，理科は 1 人以上の担当が必要である。

③　b は英語ができない。

④　それぞれ得意不得意があり，a，b は数学が得意であるのでポイント 10 点，c は英語が得意で 10 点，かつ b は国語が苦手で －10 点とし，総ポイントが高くなるように担当を割り当てたい。

これは，いくつかの条件の中で有効に人員を割り当てる最適人員配置の問題である。この問題の定式化は，2 つの添え字がついた変数 x_{ij} を用いて表現する。添え字 i はアルバイト学生 a，b，c に対応し，添え字 j の数字 1，2，3，4 はそれぞれ，担当する科目の数学，英語，国語，理科に対応させる。すなわち，x_{a1} が 1 ならば，学生 a は数学を担当し，0 ならば数学を担当しないことを表

す。この変数を用いて次のように定式化する。

目的関数：$10x_{a1}+10x_{b1}+10x_{c2}-10x_{b3} \to$ 最大

制約条件：$x_{a1}+x_{a2}+x_{a3}+x_{a4} \leqq 2$

$x_{b1}+x_{b2}+x_{b3}+x_{b4}=2$

$x_{c1}+x_{c2}+x_{c3}+x_{c4} \geqq 2$

$x_{a1}+x_{b1}+x_{c1}=2$

$x_{a2}+x_{b2}+x_{c2}=2$

$x_{a3}+x_{b3}+x_{c3}=1$

$x_{a4}+x_{b4}+x_{c4} \geqq 1$

$x_{b2}=0$

$x_{ij}=0$ または 1　($i=$a, b, c, $j=1, 2, 3, 4$)

ここで，目的関数は，例題中で示した条件④を反映した関数となり，①から③に関しては，制約条件として順番に対応し定式化されている。上から3つの制約式が①に対する制約であり，続く4つの制約式が②に対する制約条件を表している。さらに，次の制約式が③の制約を表す。

他にも組合せ最適化問題は，物事の順番を決める，施設の配置を考える，区割りを決めるためどう分割するか，そして，どのような経路で配送するかなどの場面で利用されている。このように組合せ最適化問題は，身近な問題から実用的な問題の多くの場面で現れ，幅広い分野での応用が期待される。

10.5　整数計画問題をExcelで解いてみよう

例題10.5，10.6のように定式化され，変数，および制約条件の数がそれほど大きくないならばExcelソルバーを利用して解ける。先の2つの例題に対して，Excelソルバーを用いて解いてみよう。

【例題10.7】　例題10.5を，Excelソルバーを用いて解きなさい。

Excel ソルバーの基本的使用方法は，付録「A2.1　ソルバーによる最適化」とほぼ同じであり，まず，そこを参考にしてほしい。ただし，そこでは線形計画問題を対象としているので，ここで扱う整数計画問題の場合での注意点を中心に説明したい。まず，**図 10.4** のようなシートを作成する。各セルには次のような値，関数などが入力される。

	A	B	C	D	E	F	G	H
1	プロジェクト	A	B	C	D	E	総量	制約値
2	予想利益	160	170	100	150	70	0	
3	予算	600	550	400	250	200	0	1300
4	変数xi							

図 10.4　例題 10.7 のデータ入力例

・B2:F2：各プロジェクトの予想利益の入力

・B3:F3：各プロジェクトにかかる予算の入力

・B4:F4：各プロジェクトに対する変数 x_i のセル（解が保持される）

・G2：目的関数値の値とし，「=SUMPRODUCT(B2:F2,B$4:F$4)」を入力（解のコスト値が保持される）

・G3：第 1 番目の制約条件式の左辺に対応し，「=SUMPRODUCT(B3:F3,B$4:F$4)」を入力

・H3：第 1 番目の制約条件式の右辺の値を入力

続いてソルバーを起動し，「ソルバーのパラメーター」ダイアログ（**図 10.5**）で次のように設定する。

・「目的セルの設定」：$G$2

・「目標値」：最大値

・「変数セルの変更」：$B$4:$F$4

・「解決方法の選択」：シンプレックス LP

「制約条件の対象」は「$G$3<=$H$3」が追加される。ここでの注意は，0-1 変数の条件を追加することである。そのために，「制約条件の追加」のとき，「$B$4:$F$4」に対して，「<=」を選択するリストで「bin」を選び条件に加えればよい。これにより「$B$4:$F$4」の変数がバイナリ（0-1 変数）と制約され

図 10.5　例題 10.7 での Excel ソルバーのパラメーター

る（ここで「int」を選択すると整数制約となる）。また，「解決方法の選択」を「シンプレックス LP」と選択しているが，整数計画問題の場合，自動的に分枝限定法が用いられている。その結果は，**図 10.6** に示されるようにプロジェクト C, D, E を採用し，予想利益が 420 万円となる。

	A	B	C	D	E	F	G	H
1	プロジェクト	A	B	C	D	E	総量	制約値
2	予想利益	160	170	100	150	70	420	
3	予算	600	550	400	250	200	1200	1300
4	変数xi	0	1	1	1	0		

図 10.6　例題 10.7 の計算結果

【例題 10.8】　例題 10.6 を，Excel ソルバーを用いて解きなさい。

図 10.7 に，Excel ソルバーを用いて計算した結果のシートを示しておく。「B2:E4」の各セルは，x_{ij} に対応する変数部であり解が保存される（「変数セルの変更」で「$B$2:$E$4」と入力）。「B6」に目的関数値が保持され，「=10*B2

	A	B	C	D	E
1		数学	英語	国語	理科
2	a	1	1	0	0
3	b	1	0	0	1
4	c	0	1	1	1
5					
6	目的関数	30			
7					
8		制約式左辺	制約式右辺		
9	制約式1	2	2		
10	制約式2	2	2		
11	制約式3	3	2		
12	制約式4	2	2		
13	制約式5	2	2		
14	制約式6	1	1		
15	制約式7	2	1		
16	制約式8	0	0		

図 10.7　例題 10.8 の計算結果

+10*B3+10*C4−10*D3」と入力する。「B9:B16」は 0-1 制約を除く 8 つの制約式の左辺が順次入力されている。たとえば，「B9」には「=SUM(B2:E2)」と入力すればよい。さらに，「C9:C16」はそれら制約式に対応する右辺の値が入力される。また，例題 10.7 と同様に，0-1 制約，および「解決方法の選択」などを注意すれば図 10.7 に示された最適値が計算される。この結果，学生 a が数学，英語，b が数学，理科，そして，c が英語，国語，理科を担当し，評価点の合計が 30 で最大化された結果を得る。

以上のように，定式化すれば Excel ソルバーで容易に解ける問題もある。しかし，Excel ソルバーの場合，変数の数，制約式の数などが制限されているので実用的な問題には向かない。最近，性能の良い最適化ソルバーも開発されているのでその利用を考えてみるのもよいであろう。ただし，問題のタイプ，問題の大きさなどに依存し解けない問題も存在する。また，TSP などは定式化可能であるが，その制約式が指数的に増大するのでソルバーで直接解くのは難しい。

演　習　課　題

【課題 10.1】　ある工房で，工芸品 1 と工芸品 2 を生産している〔単位：個〕。それぞれの工芸品の製造において，工程 1，および工程 2 を要し，1 日当りに要する時間，かつ各製品の利益はそれぞれ**表 10.2** となる。この工房では，工程 1 は 15 時間，工程 2 は 16 時間をとることが可能である。1 日当りの利益を最大にするには，工芸品 1 と工芸品 2 を何個製造すればよいか。定式化し Excel ソルバーを用いて解きなさい。

表 10.2　製品に対する工程時間と利益

	工芸品 1	工芸品 2
工程 1	6 時間	3 時間
工程 2	4 時間	6 時間
利　益	5 万円	4 万円

【課題 10.2】　各自，組合せとなる最適化の問題を考え定式化しなさい。

さらに勉強するために

さらに組合せ最適化問題を勉強するにあたり，いくつかの参考文献を示しておく。組合せ最適化問題の全体像の把握，他の実用的なソルバーに関してなどは，文献 2）に記されている。巡回セールスマン問題を勉強するならば，文献 6）をみると初心者向けに面白く説明をしている。メタヒューリスティクスに関しては，文献 1），5）がよいであろう。さらに，整数計画の定式化に関しては文献 4），Excel ソルバーの利用に関しては文献 3）を勧めておく。

参考文献

1）　相吉英太郎，安田恵一郎：メタヒューリスティクスと応用，電気学会（2007）
2）　梅谷俊治：組合せ最適化入門：線形計画から整数計画まで，自然言語処理，Vol.21，No.5，p.1059～1090（2014）
3）　後藤順哉：Excel で始める数理最適化，オペレーションズ・リサーチ，経営の科学，57（4），p.175～182（2012）
4）　藤江哲也：整数計画法による定式化入門，オペレーションズ・リサーチ，経営の科学，57（4），p.190～197（2012）
5）　柳浦睦憲，茨木俊秀：組合せ最適化―メタ戦略を中心として，朝倉書店（2001）
6）　山本芳嗣，久保幹雄：巡回セールスマン問題への招待，朝倉書店（1997）

付　録

A1. ORのための数学

ORの問題は，その定式化が解決への第一歩となる。そこでこの付録では，定式化のために最低限必要な数学とその応用について述べる。まずはざっと目を通して，「当たり前」と感じる部分は読み飛ばしてよい。

A1.1　定数・変数・関数など

まず，「数」について復習しよう。私たちが日常目にする数は**実数**と呼ばれている。実数には，さらに以下のような種類の数が含まれる。

- **自然数**：1，2，3，…のように個数を数えるための数。
- **整数**：…，-3，-2，-1，0，1，2，3，…のように，自然数に0と各自然数の（-1）倍を付け加えた数。
- **有理数**：(整数)÷(整数）の形で表せる数。小数点以下の桁数が有限の数（1.5，-2.345 など）や循環小数（1.3333…，0.645645…など）は有理数である。整数や自然数も有理数に含まれる。
- **無理数**：有理数以外の実数。$\sqrt{2}$，$\sqrt{3}$，$\sqrt{5}$，…，円周率 π（$=3.141\,59$…），ネピア数 e（$=2.718\,28$…）など。

実数に関する理解はこの程度で十分である。実は，実数を厳密に定義することは，数学の本質に関わることで大変難しく，本書の範囲を超える。あえてもう一言付け加えるならば，実数には次のような性質がある。2つの異なる実数 a，b に対して

・aがbより大きい（$a>b$）か，aがbより小さい（$a<b$）かのどちらか一方だけが成り立つ。

・aとbの間に無数の実数が存在する。

なお，数には「実数以外に複素数もあるではないか！」と思った読者は大変優秀である。しかし，本書で扱うのは実数だけなので，複素数の説明はご容赦願いたい。

次に，「定数」と「変数」の違いについて念のため確認しよう。そのためにいくつかの例題を考えてみよう。

【例題 A1.1】「標準体重」〔kg〕とは，身長〔m〕に対して次のように計算される数量である。

$$標準体重 = 22 \times 身長^2 \tag{A1.1}$$

身長が161 cmの人の標準体重を，小数第2位まで求めなさい。

（解答） 単位に気をつけよう。標準体重を計算するときは，身長をcmではなくmに換算してから計算する。

$$標準体重 = 22 \times 1.61^2 = 57.026\,2$$

よって，正解は57.03 kgである。□

【例題 A1.2】 A工場で製品Pを製造している。変動費（1個作るのにかかるコスト）は150円，ひと月当りの固定費（製造の有無にかかわらずかかるコスト）は50 000円である。製品Pをひと月に2 000個作ったときの総コストを求めなさい。

（解答） 総コストは次の式で計算できる。

$$総コスト = 150 \times 製造個数 + 50\,000 \tag{A1.2}$$

この例題では，製造個数＝2 000だから，式（A1.2）に代入して

$$総コスト = 150 \times 2\,000 + 50\,000 = 350\,000$$

よって，正解は 35 万円である。 □

例題 A1.1，A1.2 の中に定数や変数が含まれている。式 (A1.1) の「22」や，式 (A1.2) の「150」「50 000」は，問題文の中で与えられている固定的な数である。このような数を**定数**という。一方，式 (A1.1) の「身長」や「標準体重」，式 (A1.2) の「製造個数」や「総コスト」は，状況によって変化しうる数である。このような数を**変数**という。

では，例題 A1.1 の身長「161」や，例題 A1.2 の製造個数「2 000」は何なのだろうか？ 問題文の中で与えられているという意味では定数にもみえるが，他の数を当てはめたい場合もあり，固定的ではない。これらは変数に対して具体的に当てはめた数値であり「変数の値」と呼ぶべきだろう。

なお，数学では変数を x，y，…，定数を a，b，…などの英小文字で表すことが多い。これはあくまでも習慣で，決してルールではない。

次に，「関数」について上記の例題から考えてみよう。例題 A1.1 では，身長の値を決めると，標準体重の値が一通りに決まる。この関係を「標準体重は身長の関数である」という。例題 A1.2 では，製造個数の値を決めると，総コストの値が一通りに決まる。この関係を「総コストは製造個数の関数である」という。一般に，変数 x の値を決めると，変数 y の値が**一通りに**決まるとき，y は x の**関数**であるといい，$y=f(x)$ と書き表す。ここで，$f(x)$ は x を含む何かしらの式を総称した表記で，「x の関数」と呼ぶ（f の代わりに g，h，…など他の文字を使う場合もある）。

関数と呼べるのは，一通りに決まる場合に限られている。例えば，2 変数 x，y の間に，$y=x^2$ という関係があるとき，y は x の関数だが，x は y の関数ではない。なぜならば，$y=9$ と決めても，x の値は $+3$ と -3 の 2 通りが当てはまるからである。

次の例題のように，2 変数の値が決まると，第 3 の変数の値が一通りに決まる関数もある。

【例題 A1.3】　メタボ検診では，「BMI（body mass index）」という数値をよく目

にする。これは，身長〔m〕と体重〔kg〕に対して

$$\text{BMI} = 体重 \div 身長^2 \tag{A1.3}$$

と計算される。例題 A1.1 の標準体重は，BMI＝22 に対する体重である。身長 161 cm，体重 60 kg の人の BMI を，小数第 2 位まで求めなさい。

（解答）　この場合も身長の単位に気をつけて計算する。

$$\text{BMI} = 60 \div 1.61^2 = 23.147\,255\cdots$$

よって，正解は 23.15 である。　□

例題 A1.3 では，体重と身長を決めると，BMI が一通りに決まる。この関係を「BMI は体重と身長の関数である」という。一般に，2 個の変数 x, y の値が共に決まると，変数 z の値が一通りに決まるとき，z は x と y の関数であるといい，$z = f(x, y)$ と書き表す。

A1.2　一次関数とその応用

関数にはいろいろな種類があるが，OR を学ぶ文系の学生やビジネスパーソンは最低限「一次関数」だけでもしっかり押さえておこう。

例題 A1.2 の式（A1.2）を，x, y などの文字で表してみよう。変動費（例題 A1.2 では 150）を a，固定費（例題 A1.2 では 50 000）を b，製造個数を x，総コストを y と表せば，式（A1.2）は次のように書き換えられる。

$$y = ax + b \tag{A1.4}$$

後述するように，ビジネスの世界では式（A1.4）のような関係がたくさん出現する。式（A1.4）のグラフは**図 A1.1** のような直線になる。

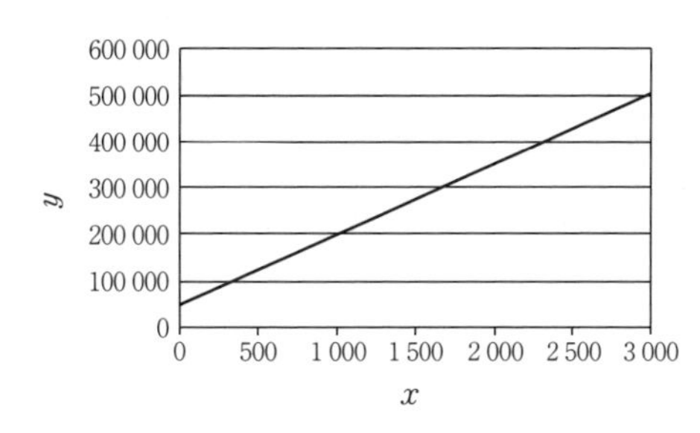

図 A1.1　一次関数 $y = ax + b$ のグラフ（$a = 150$，$b = 50\,000$ の場合）

このように，変数 y が変数 x と定数 a, b からなる式（A1.4）の

ように表せるとき，y は x の**一次関数**であるという。またこのとき，a を**傾き**，b を**切片**という。傾きは x が 1 増加したときの y の変化量（増えたときは正の値，減ったときは負の値）である。切片は，$x=0$ のときの y の値，言い換えれば y 軸と一次関数グラフの交点の y 座標である。なお，「一次関数 $y=ax+b$ のグラフ」を単に「直線 $y=ax+b$」ということがある。

ビジネスの世界ではしばしば，2 直線 $y=ax+b$，$y=cx+d$（ただし c，d は定数）の交点 $(x',\ y')$ の座標を求める必要性に迫られる。これは次のように考えればよい。単純化のため $a \neq c$ の場合のみ考える。このとき，2 直線は 1 点で交わる。この交点を $(x',\ y')$ とすれば，$y'=ax'+b$ と $y'=cx'+d$ がともに成り立つ。これら 2 式の右辺がともに y' に等しいことから，$ax'+b=cx'+d$ が成り立つ。これを x' について解けば，$x'=(d-b)/(a-c)$ が得られる。この x' に対して，$y'=ax'+b$ を計算すればよい（$y'=cx'+d$ と求めても同じである）。以下に，このような計算の例をみてみよう。

まず，「経済性分析」の 1 つに挙げられる例題を考える。ここで，**経済性分析**とは，いくつかある選択肢の中から，金銭面で最も得なものを選択することである。

【例題 A1.4】　O 商事では，事務所にコピー機をリースするかどうか迷っている。これまでは，すぐ隣にあるコンビニで 1 枚 10 円でコピーしていた。リースした場合，月額 30 000 円のリース料が発生するが，1 枚当りのコピー料は 2 円で済む。ひと月当りのコピー枚数が何枚以上なら，リースで損はないか。

（解答）　この問題の状況は，**表 A1.1** のようにまとめられる。

選択肢 A，B を選択した場合のひと月当りの総コストをそれぞれ y_A，y_B とし，

表 A1.1　コピー機のリースをする場合としない場合のコスト

選択肢	かかるコスト
A：コピー機をリースする	リース料 30 000 円，1 枚当りコピー料 2 円
B：コピー機をリースしない	1 枚当りコピー料 10 円（コンビニで）

ひと月当りのコピー枚数を x とする。このとき y_A, y_B は次のように表される。

$$y_A = 2x + 30\,000 \tag{A1.5}$$

$$y_B = 10x \tag{A1.6}$$

こういう場合は，できるだけグラフを描いてみよう。x を横軸，y_A, y_B を共通の縦軸として，式 (A1.5)，(A1.6) をグラフで表すと，**図 A1.2** のようになる。

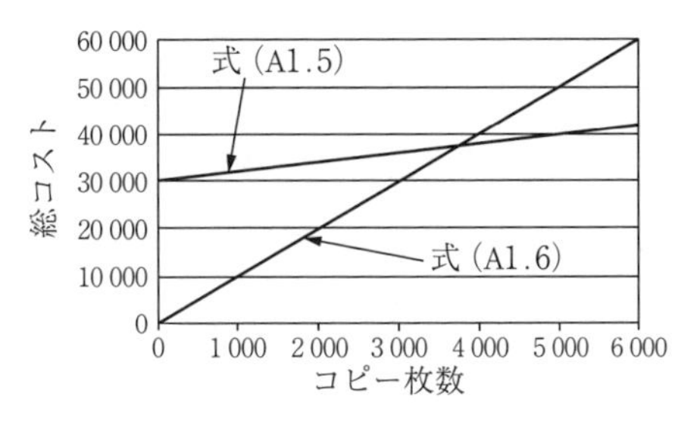

図 A1.2　式 (A1.5)，(A1.6) のグラフ

このグラフを見るだけで，ざっくりと「だいたい 4 000 枚以上ならリースで得だ」ということがわかる。さらに正確に分析しよう。リースで損をしなくなる境目は，2つの直線の交点である。よって，求めたいのは $y_A = y_B$ となるときの x の値である。そこで，式 (A1.5)，(A1.6) の右辺を等号で結んだ $2x + 30\,000 = 10x$ を x について解くと

$$x = 30\,000 / (10 - 2) = 3\,750$$

よって，ひと月のコピー枚数が 3 750 枚以上ならばリースで損はしない。　□

次に，このコピー機の問題に類似するものとして，簿記検定などでも取り上げられる**損益分岐点分析**を考えてみよう。

【例題 A1.5】　K 工業では製品 Q を製造し，単価 2 000 円で販売している。Q を 1 個製造・販売するのにかかる変動費は 1 400 円，K 工業でひと月に発生する固定費は，製造・販売の有無にかかわらず 45 000 円である。次の 3 つの問いに答えなさい。

① ひと月に 100 個売り上げたときの営業利益はいくらか。

② ひと月における K 工業の損益分岐点の販売数量と売上高を求めなさい。

③ ひと月の営業利益を 30 000 円にするための販売数量を求めなさい。

（解説） この例題を解くために，各数量の定義をしっかり押さえておこう。

売上高＝単価×販売数量

総原価＝変動費×販売数量＋固定費

営業利益＝売上高－総原価

そして，営業利益が0となる販売数量を損益分岐点販売数量，そのときの売上高を損益分岐点売上高という。

（解答） 売上高を s，総原価を c，営業利益を p，販売数量を x とおけば，題意より次の式が成り立つ。

$$s = 2\,000x \tag{A1.7}$$

$$c = 1\,400x + 45\,000 \tag{A1.8}$$

$$p = s - c \tag{A1.9}$$

この関係もグラフ化してみよう。x を横軸，s，c を共通の縦軸として式（A1.7），（A1.8）をグラフに表すと，**図 A1.3** のようになる。

（①について） $x = 100$ のとき，式（A1.7）より

$$s = 2\,000 \times 100 = 200\,000$$

式（A1.8）より

$$c = 1\,400 \times 100 + 45\,000 = 185\,000$$

よって式（A1.9）より

$$p = s - c = 15\,000$$

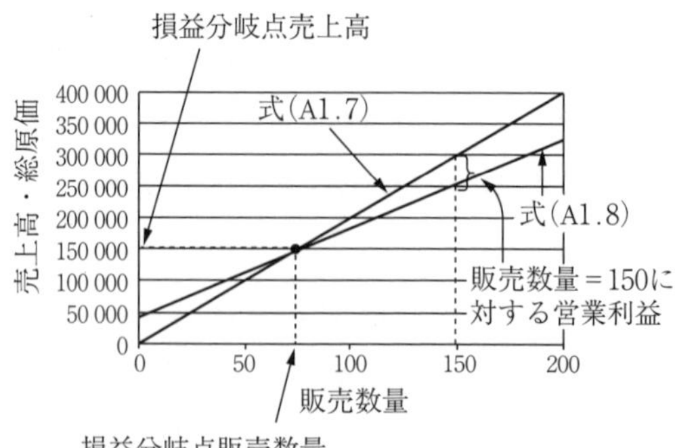

図 A1.3 式（A1.7），（A1.8）のグラフ，および損益分岐点

つまり営業利益は 15 000 円になる。

（**②について**） 図 A1.3 に示すように，損益分岐点販売数量は営業利益 p が 0，すなわち式（A1.9）より $s=c$ となるような販売数量 x のことである。そこで，式（A1.7），（A1.8）の右辺を等号で結んだ $2\,000x=1\,400x+45\,000$ を x について解くと

$$x=45\,000/(2\,000-1\,400)=75$$

つまり損益分岐点販売数量は 75 個となる。さらに，このときの売上高は式（A1.7）より

$$s=2\,000\times 75=150\,000$$

つまり損益分岐点売上高は 15 万円となる。

（**③について**） 式（A1.7），（A1.8），（A1.9）より営業利益 p を販売数量 x の関数として表すと

$$p=s-c=2\,000x-(1\,400x+45\,000)=600x-45\,000$$

今求めたいのは $p=30\,000$ に対する x なので，$30\,000=600x-45\,000$ を x について解けば

$$x=(30\,000+45\,000)/600=125$$

つまり，目標営業利益 30 000 円を達成する販売数量は 125 個である。 □

損益分岐点分析については，検定対策の教科書では問題を解くための公式が数多く紹介されている。しかし，そうした公式を忘れてしまっても，各数量の定義と，それらのグラフにおける関係がわかっていれば，上記のように簡単な四則演算で解ける。

A1.3 連立一次方程式

連立一次方程式は，本書を手にするくらいの読者にとっては楽勝と感じるかもしれないが，侮ってはならない。高校までの学習でほとんど触れられなかったケースや，OR ならではの注意すべき事柄が，以下に述べられている。最初の例題 A1.6 は直球勝負だが，例題 A1.7 以降は変化球と呼べるものが続く。

【例題 A1.6】　食肉加工会社「角大食品」では，高級ミートボールと高級ハンバーグを製造・出荷している。1ロット当りの単価は，ミートボールが2万円，ハンバーグが4万円である。また，1ロット当りの変動費は両商品とも1万円である。同社のある日の総売上高は22万円，貢献利益は14万円であった。その日の両製品の出荷量を求めなさい。なお，出荷は必ずロット単位で行われるものと仮定する（以下，同様の仮定をおく）。

（解説）　ここで用語の整理をしよう。「ロット」とは出荷の際にひとまとめにされた製品の集まりである。これ以降の例題では，1ロットが仮に100個ならば，出荷は必ず100個単位で行われ，それより少ない個数をばら売りすることはないと仮定する。「貢献利益」とは，総売上高から総変動費を引いた額である。

（解答）　ミートボールとハンバーグの出荷量をそれぞれx, y〔単位：ロット〕とおく。題意より，この日の総変動費は$22-14=8$〔万円〕である。よって，変動費に関して次の式が成り立つ。

$$x+y=8 \tag{A1.10}$$

一方，売上高については次の式が成り立つ。

$$2x+4y=22 \tag{A1.11}$$

ここで**消去法**を用いよう。つまり，等式の両辺に同じ数を加減乗除しても等号は成り立つ，という性質を用いて，x, yのうちどちらか一方を消去しよう。式（A1.10）の両辺を2倍すれば

$$2x+2y=16$$

が成り立つので，この両辺を式（A1.11）の両辺からそれぞれ引くことで

$$2y=6$$

とxが消去される。この式からすぐに$y=3$が得られる。さらにこれを式（A1.10）に代入して，$x+3=8$，ゆえに$x=5$が得られる。よって，$x=5$，$y=3$である。

□

連立一次方程式の解はグラフで図示できる。式（A1.10）は$y=-x+8$，式

(A1.11) は $y=-\frac{1}{2}x+\frac{11}{2}$ とそれぞれ x の一次関数として書けるので，**図 A1.4**（a）のように図示できる。この図が示す通り，2直線の交点の座標が例題 A1.6 の解となっている。

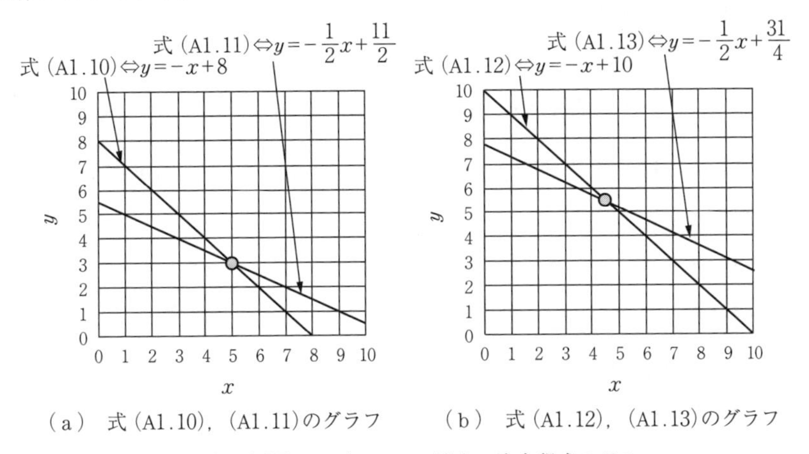

（a） 式 (A1.10)，(A1.11)のグラフ　（b） 式 (A1.12)，(A1.13)のグラフ

図 A1.4　例題 A1.6 と A1.7 の連立一次方程式のグラフ

【例題 A1.7】　上述の「角大食品」で，高級ミートボールと高級ハンバーグを例題 A1.6 と同じ変動費・単価で製造・出荷している。ある日の総売上高は 31 万円，貢献利益は 21 万円であったとする。その日の両製品の出荷量を求めなさい。

（解答）　例題 A1.6 と同様に，ミートボールとハンバーグの出荷量をそれぞれ x, y〔単位：ロット〕とおく。題意より，この日の総変動費は $31-21=10$〔万円〕である。変動費と売上高に関して，それぞれ以下のような式が成り立つ。

$$x+y=10 \tag{A1.12}$$

$$2x+4y=31 \tag{A1.13}$$

消去法を用いよう。式 (A1.12) の両辺を 2 倍すると $2x+2y=20$ となり，その両辺を式 (A1.13) の両辺からそれぞれ引くと，x が消去されて $2y=11$，ゆえに $y=5.5$ が得られる。これを式 (A1.12) に代入して整理すると $x=4.5$ となる。よって$x=4.5$，$y=5.5$が得られる。しかし，これで満足してよいか？ 式(A1.12)，(A1.13) から直接得られる解はあくまでも**理論解**であり，OR ではそれが実際に使える**実用解**かどうかを注視する必要がある。この例題ではロット単位での出荷を仮定しているので，解に小数点以下の桁があることは許されない。よって，この例題の解答は「実用解は存在しない」となる。 □

なお，式 (A1.12)，(A1.13) はそれぞれ$y=-x+10$，$y=-\frac{1}{2}x+\frac{31}{4}$と変形でき，これらを図示すると図 A1.4（b）のようになる。交点の座標がどちらも整数でないことがわかる。

【例題 A1.8】 「角大食品」は創立記念日に復刻版焼豚と高級ハンバーグを製造・出荷することにした。焼豚とハンバーグの 1 ロット当りの変動費はいずれも 1 万円，単価はいずれも 4 万円である。その日の売上高が 20 万円，貢献利益が 15 万円だったとき，両製品の出荷量を求めなさい。ただし，両製品とも最低 1 ロットは出荷したものとする。

（**解答**） 焼豚とハンバーグの出荷量をそれぞれx, y〔単位：ロット〕とおく。題意より，総変動費は$20-15=5$〔万円〕である。変動費と売上高について，それぞれ次の式が成り立つ。

$$x+y=5 \qquad \text{(A1.14)}$$

$$4x+4y=20 \qquad \text{(A1.15)}$$

ところが，式 (A1.14) の両辺を 4 倍すると式 (A1.15) に完全に一致する。これは式 (A1.14) を満たすx, yは必ず式 (A1.15) も満たし，その逆も成り立つことを示している。つまり，2 式はまったく同じ意味の式であり，どちらかを無視してよい。そこで，式 (A1.15) を無視して式 (A1.14) のみ考えると，理論解は「xは任意の実数，$y=5-x$」となる。実用解を求めるには，$y=5-x$のxに 1, 2, 3, …と順に代入することを$y \geqq 1$の範囲で繰り返せばよい。よって，x, yの実用解の組(x, y)は，(1, 4)，(2, 3)，(3, 2)，(4, 1) の計 4 組とな

る。□

式(A1.14)，(A1.15)はいずれも $y=-x+5$ と変形できるので，それを図示すると**図A1.5**(a)のようになる。2直線は完全に重なっていて，直線と格子点が重なる4点が実用解を示している。

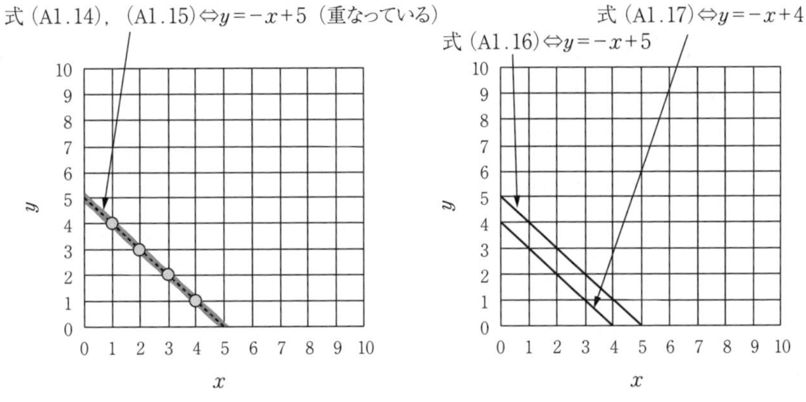

(a) 式(A1.14)，(A1.15)のグラフと実用解　(b) 式(A1.16)，(A1.17)のグラフ

図A1.5 例題A1.8とA1.9の連立一次方程式のグラフ

【例題A1.9】「角大食品」は4月1日に高級ミートボールと高級魚肉ソーセージを製造・出荷したという。ミートボールと魚肉ソーセージの1ロット当りの変動費はいずれも1万円，単価はいずれも2万円である。その日の売上高が8万円，貢献利益が3万円だったとしたとき，両製品の出荷量を求めなさい。

(解答) ミートボールと魚肉ソーセージの出荷量をそれぞれ x, y〔単位：ロット〕とおく。題意より，総変動費は8−3=5〔万円〕である。変動費と売上高について，それぞれ次の式が成り立つ。

$$x+y=5 \tag{A1.16}$$

$$2x+2y=8 \tag{A1.17}$$

ところが，式(A1.17)の両辺を2で割ると $x+y=4$ となり，式(A1.16)もあわせて考えれば，「$x+y$ は4と5にともに等しい」というありえない結果が得

られる。つまり，この例題には実用解はおろか理論解すら存在しない。　□

式 (A1.16)，(A1.17) はそれぞれ $y=-x+5$，$y=-x+4$ と変形でき，それらのグラフは図 A1.5 (b) のように表せる。このように，理論解が存在しないことは交点が存在しないことを意味する。

【例題 A1.10】 「角大食品」はお客様感謝デーに高級ハム，高級ミートボール，高級ハンバーグを製造販売することにした。ハム，ミートボール，ハンバーグの1ロット当りの変動費はいずれも1万円，単価はそれぞれ1万円，2万円，4万円である（ハムは儲け度外視のサービス品である）。その日の売上高が15万円，貢献利益が9万円だったとき，3製品の出荷量を求めなさい。ただし，3製品とも最低1ロットは出荷したものとする。

(**解答**)　ハム，ミートボール，ハンバーグの出荷量をそれぞれ x，y，z〔単位：ロット〕とおく。題意より，総変動費は $15-9=6$〔万円〕である。変動費と売上高に関して，以下の2式が成り立つ。

$$x+y+z=6 \tag{A1.18}$$

$$x+2y+4z=15 \tag{A1.19}$$

ところが，値が未知の変数が3つなのに対して，式は2つしかない。どうすればよいか？ この場合，変数のうち1つを任意の定数とみなして考えればよい。z を定数とみなしてみよう。式 (A1.19) の両辺から式 (A1.18) の両辺をそれぞれ引くと，x が消去できて $y+3z=9$，つまり $y=9-3z$ が得られる。これを式 (A1.18) に代入すると，$x+(9-3z)+z=6$，つまり $x=2z-3$ が得られる。よって，理論解は「$x=2z-3$，$y=9-3z$，z は任意の実数」である。実用解を求めるには，例題 A1.8 と同様に z に 1，2，3，…と順に代入することを，$x \geqq 1$，$y \geqq 1$ を満たす範囲で繰り返せばよい。

($z=1$ のとき)　$x=2\times1-3=-1$…不適，$y=9-3\times1=6$

($z=2$ のとき)　$x=2\times2-3=1$，$y=9-3\times2=3$

($z=3$ のとき)　$x=2\times3-3=3$，$y=9-3\times3=0$…不適

（$z \geqq 4$ のとき）　$x \geqq 2 \times 4 - 3 = 5$，$y \leqq 9 - 3 \times 4 = -3$…不適

よって，実用解の条件を満たすのは $z=2$ の場合だけである。以上により，実用解は $x=1$，$y=3$，$z=2$ である。□

式(A1.18)，(A1.19) はそれぞれ $y = -x + (6-z)$，$y = -\frac{1}{2}x + \frac{15-4z}{2}$ と変形できる。これらを図示すると，**図 A1.6** のようになる。この場合，z の値によって場合分けが必要になる。

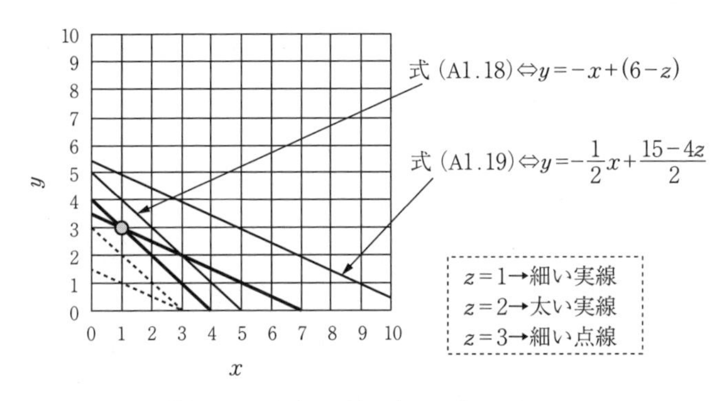

図 A1.6　式(A1.18)，(A1.19) のグラフ

A1.4　数　　　列

「数列」は，金融・証券・保険業で働くビジネスパーソンならば，意識するかしないかにかかわらず活用しているはずの数学の一種である。簿記検定や FP（ファイナンシャルプランナー）資格試験では，「数列」を基礎とする問題や解法が数多くみられる。

まずは，基本的な例題から「数列」のいろはを理解しよう。

【例題 A1.11】　次のように，3 から始まって一定数 4 を加算しながら無限に続く数の列がある。

3, 7, 11, 15, …

① 20番目の数はいくつか。

② 最初の数から20番目の数までの合計はいくつか。

（解説） この例題のように，ある数から始まって無限に続く数の列を**数列**という。定式化する場合は，英文字（例えばa）を用いて，1番目の数をa_1，2番目の数をa_2，…と書き表す。a_1を「第1項」，a_2を「第2項」，…などと呼ぶ。特に，a_1を**初項**といい，自然数の変数iに対するi番目の数a_i（第i項）を**一般項**という。なお，英文字（この場合はa）の右下に付く自然数を**添字**（そえじ）と呼ぶ。数列全体は

$$a_1,\ a_2,\ \cdots,\ a_i,\ \cdots$$

と書くが，しばしば$\{a_i\}$と略記する。

（解答） 例題A1.11の数列を，$a_1=3$，$a_2=7$，$a_3=11$，…と定式化して考えよう。この場合，後の項から前の項を引いた差が一定数4である。一般に，どんな自然数iに対しても$a_{i+1}-a_i$が一定数dとなる数列を**等差数列**といい，このときのdを**公差**という。例題A1.11の数列$\{a_i\}$は，初項が3，公差が4の等差数列である。

（①について） 数列$\{a_i\}$の一般項a_iを変数iの関数で表そう。初項がa，公差がdのとき，$a_1=a$，$a_2=a+d$，$a_3=a+2d$，…となるので，一般項は

$$a_i=a+(i-1)d \tag{A1.20}$$

となる。よって①は，式(A1.20)に$a=3$，$d=4$を代入して一般項$a_i=3+4(i-1)$が得られ，さらに$i=20$を代入して$a_{20}=3+4\times(20-1)=79$が得られる。

（②について） 初項がa，公差がdの等差数列$\{a_i\}$の，初項から第n項までの合計をnの関数で表してみよう。求めたい合計を$S(n)$とすると

$$S(n)=a+(a+d)+(a+2d)+\cdots+(a+(n-2)d)+(a+(n-1)d) \tag{A1.21}$$

と書けるが，右辺の順番を真逆にして

$$\begin{aligned}S(n)=&(a+(n-1)d)+(a+(n-2)d)+(a+(n-3)d)\\&+\cdots+(a+d)+a\end{aligned} \tag{A1.22}$$

とも書ける。式（A1.21）と（A1.22）の両辺をそれぞれ足す（特に右辺は上記の順番通り足す）と

$$2S(n) = (2a + (n-1)d) + (2a + (n-1)d) + \cdots + (2a + (n-1)d)$$
$$= n(2a + (n-1)d)$$

ゆえに

$$S(n) = \frac{n}{2}(2a + (n-1)d) \qquad \text{(A1.23)}$$

が得られる。よって②は，式（A1.23）に $a=3$，$d=4$，$n=20$ を代入すれば，$S(20) = \frac{20}{2}(2\times 3 + (20-1)\times 4) = 820$ が得られる。□

例題 A1.11 のように，ORの問題は問題文にある数値から直接答えを求めるのではなく，問題を定式化し，それを解くための公式を導出してから，数値を当てはめて答えを出す方法が基本である。

【例題 A1.12】　次のように，2 から始まって一定数 3 を乗じながら無限に続く数の列がある。

2, 6, 18, 54, …

① 8 番目の数はいくつか。

② 最初の数から 8 番目の数までの合計はいくつか。

（**解答**）　例題 A1.12 の数列を，$a_1=2$，$a_2=6$，$a_3=18$，…と定式化して考えよう。この場合，前の項に対する後の項の比が一定数 3 である。一般に，どんな自然数 i に対しても $a_{i+1} \div a_i$ が一定数 r となる数列を**等比数列**といい，このときの r を**公比**という。例題 A1.12 の数列 $\{a_i\}$ は，初項が 2，公比が 3 の等比数列である。

（**①について**）　ここでも，数列 $\{a_i\}$ の一般項 a_i を変数 i の関数で表してみよう。初項が a，公比が r のとき，$a_1=a$，$a_2=ar$，$a_3=ar^2$，…となるので，一般項は

$$a_i = ar^{i-1} \qquad \text{(A1.24)}$$

となる。よって①は，式（A1.24）に $a=2$，$r=3$ を代入して一般項 $a_i=2\times 3^{i-1}$ が得られ，さらに $i=8$ を代入して $a_8=2\times 3^{8-1}=4\,374$ が得られる。

（②について） 初項が a，公比が r の等比数列 $\{a_i\}$ の，初項から第 n 項までの合計を n の関数で表してみよう。求めたい合計を $T(n)$ とすると

$$T(n)=a+ar+ar^2+\cdots+ar^{n-2}+ar^{n-1} \tag{A1.25}$$

と書け，この両辺に r を掛けると

$$rT(n)=ar+ar^2+ar^3+\cdots+ar^{n-1}+ar^n \tag{A1.26}$$

となる。式（A1.25）の両辺から式（A1.26）の両辺をそれぞれ引けば，右辺の多くの項が相殺されて

$$(1-r)T(n)=a-ar^n=a(1-r^n)$$

ゆえに

$$T(n)=\frac{a(1-r^n)}{1-r} \tag{A1.27}$$

が得られる。よって②は，式（A1.27）に $a=2$，$r=3$，$n=8$ を代入すれば，$T(n)=\dfrac{2\times(1-3^8)}{1-3}=6\,560$ が得られる。□

次に，ビジネスの世界で頻繁に現れる利息の計算を，「数列」という数学ツールで考えてみよう。

【例題 A1.13】 50 万円を金融機関に年利率 2% で 3 年間預けた。次の場合，元利（元本と利息の合計）はそれぞれいくらになるか。

①　単利で計算した場合

②　1 年複利で計算した場合

（解説） **単利**とは預けた当初の元本（この例題では 50 万円）についてのみ利息がつく計算法である。一方，**複利**とは一定期間ごとに支払われる利息も元本に含めて，それを新たな元本として次の利息を計算する方法である。なお，複利には 1 年ごとに利息がつく 1 年複利や，半年ごとにつく半年複利などがある。

(解答)　この例題を定式化しよう。元本を A，年利率を R とする。この場合，$A=500\,000$，$R=0.02$ である。

(①について)　単利で預けた場合の i 年後の元利を t_i とする。毎年一定額 AR 円が利息として加算され，$t_1=A+AR=A(1+R)$ なので，数列 $\{t_i\}$ は初項が $A(1+R)$，公差が AR の等差数列である。その一般項は，式 (A1.20) の右辺の a に $A(1+R)$，d に AR を代入すれば

$$t_i=A(1+R)+(i-1)AR=A+iAR=A(1+iR) \tag{A1.28}$$

と得られる。式 (A1.28) の右辺に $A=500\,000$ と $R=0.02$ を代入して $t_i=500\,000(1+0.02i)$ が得られ，さらに $i=3$ とおけば $t_3=500\,000\times1.06=530\,000$〔円〕が得られる。

(②について)　1 年複利で預けた場合の i 年後の元利を f_i とする。$i+1$ 年後の元利 f_{i+1} は，前年の元利 f_i に，f_i を新たな元本として計算される利息 Rf_i が加算されたものである。つまり $f_{i+1}=f_i+Rf_i=(1+R)f_i$（前年の元利の $1+R$ 倍）である。また，1 年後の元利 f_1 は，$f_1=A+AR=A(1+R)$ である。よって，数列 $\{f_i\}$ は初項が $A(1+R)$，公比が $1+R$ の等比数列である。その一般項は，式 (A1.24) の右辺の a に $A(1+R)$，r に $1+R$ を代入すれば

$$f_i=A(1+R)(1+R)^{i-1}=A(1+R)^i \tag{A1.29}$$

と得られる。式 (A1.29) の右辺に $A=500\,000$ と $R=0.02$ を代入して $f_i=500\,000(1+0.02)^i$ が得られ，さらに $i=3$ とおけば $f_3=500\,000\times1.02^3=530\,604$〔円〕が得られる。　□

当たり前のことだが，複利は「利息が利息を生む」ため，同じ年利率ながら単利よりも多くの利息がつく。

【例題 A1.14】　年利率 2%の積立預金で毎年初めに 10 万円ずつ 10 年間積み立てるとき，10 年後の元利を計算しなさい。ただし，毎年の積立金は 1 年複利で利息がつくとする。また，元利は小数点以下を四捨五入して整数で答えること。

(解答)　毎年の積立額を A，年利率を R，積立年数を n とし，n 年後の元利を

$F(n)$ とする。この場合，$A=100\,000$，$R=0.02$，$n=10$ である。$F(n)$ の計算は次のように考える。1年目に預けた積立金は，n 年間預けられるので，n 年後の元利は式（A1.29）より $A(1+R)^n$ となる。2年目に預けた積立金は，$n-1$ 年間預けられるので，n 年後の元利は $A(1+R)^{n-1}$ となる。同様に考えると，最後の n 年目に預けた積立金は，1年だけ預けられるので，n 年後の元利は $A(1+R)$ である。以上，各年に預けた積立金の，n 年後の元利の合計が $F(n)$ となるので

$$F(n)=A(1+R)+A(1+R)^2+\cdots+A(1+R)^n$$

が成り立つ（逆順に合計しても結果は同じ）。この式の右辺は，初項が $A(1+R)$，公比が $1+R$ の等比数列の，初項から第 n 項までの合計である。よって，式（A1.27）の右辺の a に $A(1+R)$，r に $1+R$ を代入すれば

$$F(n)=\frac{A(1+R)\left(1-(1+R)^n\right)}{1-(1+R)}=\frac{A\left((1+R)^{n+1}-(1+R)\right)}{R} \tag{A1.30}$$

が得られる。式（A1.30）の右辺に $A=100\,000$，$R=0.02$，$n=10$ を代入すれば

$$F(10)=\frac{100\,000\times\left(1.02^{11}-1.02\right)}{0.02}=1\,116\,871.5\cdots$$

ゆえに10年後の元利は1 116 872〔円〕となる。□

A1.5　最大・最小と微分

最大値や最小値を求める問題は，ORでしばしば登場する。例えば，ある牛乳販売店の1日の利益 y が牛乳の仕入量 x の関数であるとき，y ができるだけ大きくなるように x を決めたいとする。x が大きいほど y も大きくなると考えがちだが，あまりたくさん仕入すぎると，品質管理や廃棄処分などのコストがかさみ利益が減ることも考えられる。よって，y を最大にするようなちょうどよい x の値があるかもしれない。同様に，コスト y を最小にするような生産量 x を求めたい場合もある。このように，関数の値を最大化または最小化する問題を**最適化問題**という。そして，最適化問題でしばしば活用するのが「微分」

である（微分を使わない最適化問題もある）。

まず基本的なことを確認しよう。関数 $y=f(x)$ において，x のとりうる範囲が例えば a 以上 b 以下と限定される場合がある。この範囲を**定義域**という。これ以降，関数と定義域をセットにして，しばしば

$$y=f(x) \quad (a \leqq x \leqq b)$$

などと書き表す。定義域内の値 c における関数の値（$f(c)$ と書く）に対して，$x \neq c$ ならば $f(x) \leqq f(c)$ となるとき，関数 $y=f(x)$ は $x=c$ で**最大である**といい，このときの $f(c)$ を**最大値**という。「**最小である**」や「**最小値**」も同様に定義する。一方，定義域内の値 c における関数の値 $f(c)$ に対して，$c-\varepsilon<x<c+\varepsilon$ ならば $f(x) \leqq f(c)$ となる正の数 ε があるとき，関数 $y=f(x)$ は $x=c$ で**極大である**といい，このときの $f(c)$ を**極大値**という（**図 A1.7**（a））。「**極小である**」や「**極小値**」も同様に定義する（図 A1.7（b））。

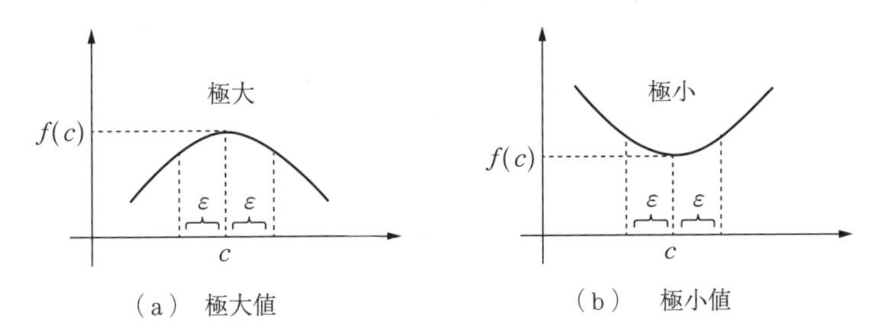

（a） 極大値　　（b） 極小値

図 A1.7　極大値と極小値

なお，**図 A1.8** のように極大値と最大値（あるいは極小値と最小値）が一致しない場合がある。いずれにせよ，極大値と極小値は，それぞれ最大値と最小値の有力な候補である。極大値と極小値を求めるのに重要な役割を果たすのが「微分」という操作である。

図 A1.9（a）の関数 $y=f(x)$（$a \leqq x \leqq b$）（太い曲線）において，点 $\mathrm{C}(c, f(c))$ と点 $\mathrm{P}(c+h, f(c+h))$ を通る直線（Ⅰ）と，点 C と点 $\mathrm{Q}(c-h, f(c-h))$ を通る直線（Ⅱ）について考える。

図 A1.9（a）では，h を 0 に限りなく近づけると，直線（Ⅰ），（Ⅱ）はとも

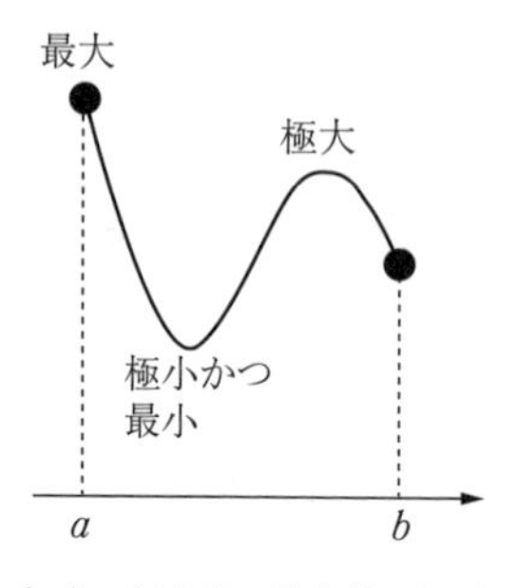

（a）　極大値≠最大値の場合

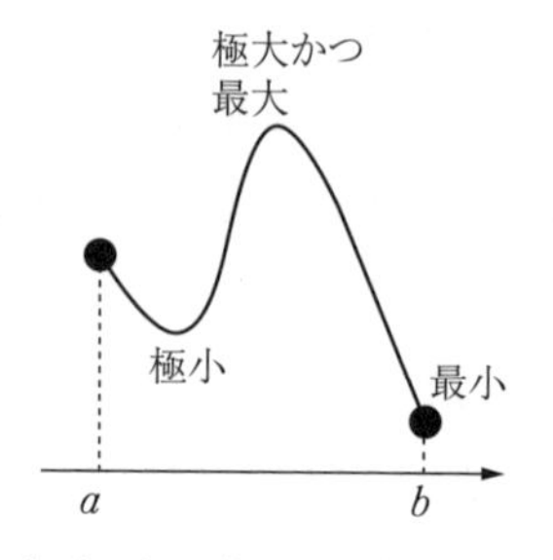

（b）　極小値≠最小値の場合

図 A1.8　極大値・極小値と最大値・最小値

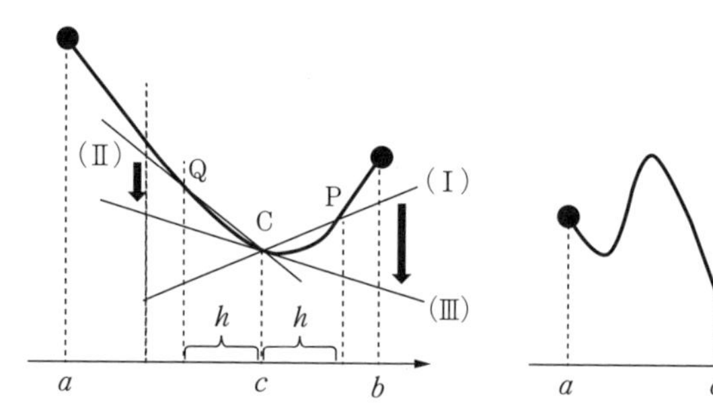

（a）　$x=c$ で微分係数が定まる関数　（b）　微分係数が定まらない関数

図 A1.9　微分係数が定まる場合と定まらない場合

に $y=f(x)$ の点Cにおける接線（Ⅲ）に限りなく接近する。言い換えれば，h を0に限りなく近づけると

$$\text{直線（Ⅰ）の傾き}=\frac{f(c+h)-f(c)}{h}$$

$$\text{直線（Ⅱ）の傾き}=\frac{f(c)-f(c-h)}{h}$$

はともに「接線（Ⅲ）の傾き」という共通の値に限りなく近づく。このとき，接線（Ⅲ）の傾きを関数 $y=f(x)$ の $x=c$ における**微分係数**といい，$f'(c)$ と表す。一方，図 A1.9（b）の点Cのように，尖っていたり角ばっている点では，接線が一通りに定まらず，微分係数は計算できない。なお，定義域の端点でも微分係数が定義できたほうが都合がよい。図 A1.9（a）において，関数 $y=f(x)$ の

$x=a$ および $x=b$ における微分係数は，それぞれ $(f(a+h)-f(a))/h$ および $(f(b)-f(b-h))/h$ の h を 0 に限りなく近づけたときの極限値とする。

関数 $y=f(x)$ の定義域で，どの x の値 c に対しても微分係数 $f'(c)$ が一通りに決まるとき，微分係数は x の関数なので，その関数を**導関数**と呼び，$y'=f'(x)$ と書く。以下，基本的な関数に対する導関数を挙げておく（その証明は高校数学Ⅱの教科書などで復習されたい）。

$y=x$ ならば $y'=1$，$y=x^2$ ならば $y'=2x$

$y=x^3$ ならば $y'=3x^2$，…，$y=x^n$（n は整数）ならば $y'=nx^{n-1}$

$y=\dfrac{1}{x}$ ならば $y'=-\dfrac{1}{x^2}$，$y=c$（c は定数）ならば $y'=0$

また，次のような計算ルールが知られている。

$y=cf(x)$ ならば $y'=cf'(x)$ （c は定数）

$y=f(x)\pm g(x)$ ならば $y'=f'(x)\pm g'(x)$ （複号同順）

$y=f(x)g(x)$ ならば $y'=f'(x)g(x)+f(x)g'(x)$

$y=f(g(x))$ ならば $y'=f'(g(x))g'(x)$

このように，$y=f(x)$ から導関数 $y'=f'(x)$ を求めることを**微分する**という。

【例題 A1.15】 関数 $y=3x^2-4x+2$（定義域は実数全体）の導関数を求めなさい。

（**解答**）

$$
\begin{aligned}
y' &= (3x^2-4x+2)' = (3x^2)'-(4x)'+(2)' \\
&= 3(x^2)'-4(x)' = 3\times 2x - 4\times 1 \\
&= 6x-4
\end{aligned}
$$

ゆえに，$y'=6x-4$ が得られる。 □

【例題 A1.16】 関数 $y=\dfrac{1}{x^2-3x}$（$x<0$, $0<x<3$, $3<x$）の導関数を求めなさい。

（**解答**）$f(z)=\dfrac{1}{z}$，$g(x)=x^2-3x$ とおけば，この関数 y は $z=g(x)$ とおいた式に等しいので，$y=f(g(x))$ と表せる。$f'(z)=-\dfrac{1}{z^2}$，$g'(x)=2x-3$ であることと，上記の計算ルールより

$$y'=f'(g(x))g'(x)=-\frac{1}{(x^2-3x)^2}\times(2x-3)$$

ゆえに，$y'=-\dfrac{2x-3}{(x^2-3x)^2}$ が得られる。　□

では，微分を使ってどうやって極大値や極小値を見つけるのか？ **図 A1.10** の関数 $y=f(x)$（$a \leqq x \leqq b$）（太い曲線）において，明らかに $x=p$ で極大値 $f(p)$ をとり，$x=q$ で極小値 $f(q)$ をとる。そして，極大値や極小値をとる x に対する微分係数は，接線が水平になることから 0 となる。一方，関数 $f(x)$ の値が増加している x（例えば x_1, x_3）に対する微分係数は，接線が右上がりとなることから正になり，$f(x)$ の値が減少している x（例えば x_2）に対する微分係数は，接線が右下がりとなることから負となる。よって，次の手順で極大値・極小値も含めた関数 $y=f(x)$ の概形を知ることができる。

① 関数 $y=f(x)$ を微分して導関数 $y'=f'(x)$ を求める。

② $f'(x)=0$ を満たす x の値を求め，その値の前後における $f'(x)$ の符号を調べる。

③ $f'(p)=0$ のとき，p の直前の x で $f'(x)>0$，かつ p の直後の x で $f'(x)<0$

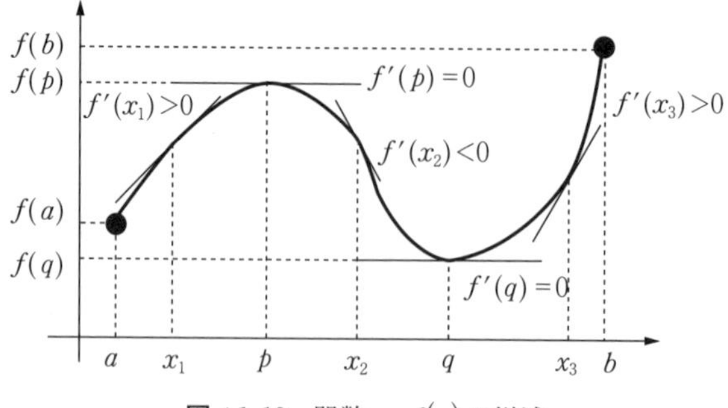

図 A1.10　関数 $y=f(x)$ の増減

ならば，$f(p)$ は極大値であり，p の直前の x で $f'(x)<0$，かつ p の直後の x で $f'(x)>0$ ならば，$f(p)$ は極小値である。

④　定義域が有限ならば，その端点に対する $f(x)$ の値を求める。それらの値と極大値の中で最大のものが最大値である。最小値についても同様。

この手順を図 A1.10 の関数 $y=f(x)$ に適用してまとめたのが，**表 A1.2** のような**増減表**である。

表 A1.2　図 A1.10 の関数 $y=f(x)$ の増減表

x	a		p		q		b
$f'(x)$		+	0	−	0	+	
$f(x)$	$f(a)$	↗	極大値 $f(p)$	↘	極小値 $f(q)$	↗	$f(b)$

なお，図 A1.10 の場合は $f(b)>f(p)$ なので，最大値は $f(b)$（≠極大値），最小値は $f(q)$（=極小値）である。

【例題 A1.17】　全国のコンビニチェーンを統括する 6 & J ホールディングスの健康管理部は，従業員の活力を測る尺度「活度」を開発した。そして，活度 y は時刻 x（$0 \leqq x \leqq 24$）の関数として，次のように表せることがわかった。

$$y=f(x)=-x^3+36x^2-288x+700 \tag{A1.31}$$

同ホールディングスはさっそく，活度が最も鈍くなる時刻から数分間，元気が出る BGM を全店舗で流すことにした。その BGM を流し始める時刻を求めなさい。なお，分の値は小数点以下を四捨五入して整数で求めること。

（解答）　関数（A1.31）を微分すると，導関数

$$y'=f'(x)=-3x^2+72x-288 \tag{A1.32}$$

が得られる。導関数（A1.32）の値が 0 となる x の値を求めよう。

$$-3x^2+72x-288=0 \Leftrightarrow x^2-24x+96=0$$

ここで，二次方程式 $ax^2+bx+c=0$（$a \neq 0$）に対する解の公式

$$x=\frac{-b\pm\sqrt{b^2-4ac}}{2a}$$

に $a=1$，$b=-24$，$c=96$ を代入して計算すると

$$x=\frac{24\pm\sqrt{24^2-4\times96}}{2}=12\pm\sqrt{12^2-96}\fallingdotseq5.072,\ 18.928$$

が得られる。このとき

$$f(5.072)=-5.072^3+36\times5.072^2-288\times5.072+700\fallingdotseq34.892$$

$$f(18.928)=-18.928^3+36\times18.928^2-288\times18.928+700\fallingdotseq1\,365.107$$

となる。次に，3つの区間 $0<x<5.072$，$5.072<x<18.928$，$18.928<x<24$ における $f'(x)$ の符号を調べよう。各区間から計算しやすい値を1つずつ，例えば $x=1$，10，20 と選べば

$$f'(1)=-3\times1+72\times1-288=-219<0$$

$$f'(10)=-3\times100+72\times10-288=132>0$$

$$f'(20)=-3\times400+72\times20-288=-48<0$$

が得られる。さらに，端点 $x=0$，24 に対する $f(x)$ の値を求めると

$$f(0)=-0^3+36\times0^2-288\times0+700=700$$

$$f(24)=-24^3+36\times24^2-288\times24+700=700$$

となる。以上をまとめると，**表 A1.3** のような増減表が得られる。

表 A1.3　関数（A1.31）の増減表

x	0		5.072		18.928		24
$f'(x)$		−	0	+	0	−	
$f(x)$	700	↘	極小値 34.892	↗	極大値 1 365.107	↘	700

この場合の極小値 34.892 は両端点の関数値（ともに 700）よりも小さいので，最小値でもある。よって，$f(x)$ は $x\fallingdotseq5.072$ で最小となる。この端数 0.072 の単位は「時」なので，それを「分」に換算すると，$0.072\times60\fallingdotseq4$〔分〕となる。ゆえに，BGM を流し始める時刻は5時4分である。□

なお，関数（A1.31）をグラフで表すと**図 A1.11** のようになる。増減表が関数の概形をかなりよく捉えていることがわかる。

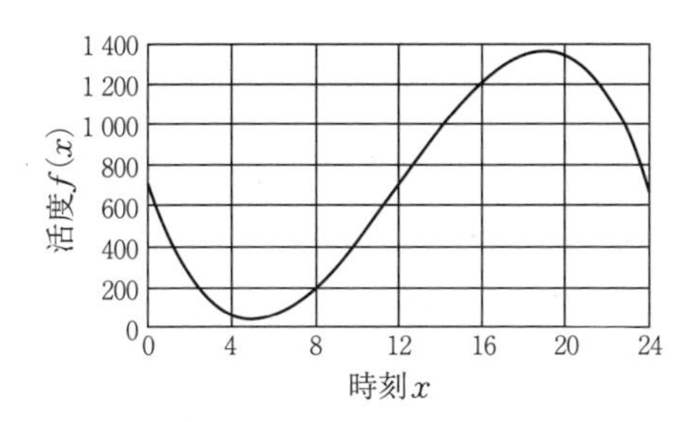

図 A1.11　関数（A1.31）のグラフ

演　習　課　題

【課題 A1.1】　O 商事は，例題 A1.4 のようにコピー機のリースを検討していた。月額 30 000 円のリース料は高いと考え，別のリース会社に見積を出させたところ，月額 24 000 円のリース料と，1 枚当り 2 円のコピー料でできると回答してきた。コンビニでのコピーが 1 枚当り 10 円のままとして，この新たな提案は，ひと月当りのコピー枚数が何枚以上なら損にならないか。

【課題 A1.2】　K 工業では，例題 A1.5 と同様に製品 Q を製造し，単価 2 000 円で販売している。ところが，最近諸経費が高騰したため，Q を 1 個製造・販売するのにかかる変動費は 1 500 円となった。K 工業でのひと月当りの固定費は 45 000 円のままとして，ひと月における K 工業の損益分岐点の販売数量と売上高を求めなさい。

【課題 A1.3】「角大食品」では，例題 A1.6 と同様に高級ミートボールと高級ハンバーグを製造・出荷している。1 ロット当りの単価は，ミートボールが 2 万円，ハンバーグが 4 万円である。同社では，ミートボールを安価で作る製造技術を開発した。その結果，1 ロット当りの変動費はミートボールが 5 千円，ハンバーグが 1 万円（変わらず）となった。開発後のある日の総売上高は 22 万円，貢献利益は 16 万 5 千円であった。その日の両製品の出荷量を求めなさい。なお，出荷は必ずロット単位で行われるものと仮定し，両製品とも最低 1

ロットは出荷したものとする。

【課題 A1.4】　今日は太郎君の 15 歳の誕生日である。太郎君は，20 歳の誕生日に両親から 10 万円をもらう約束をしていたが，最近関心をもち始めた楽器を買いたくなり，両親に 10 万円の前払いを申し出た。しかし，両親はお金にとても厳しく，「定期預金に 5 年間預けて 10 万円になる金額しか，今は出せない」といった。定期預金が年利率 2％で，1 年複利で利息がつくとして，太郎君が今日もらえる金額はいくらか（例題 A1.13 を参照）。

【課題 A1.5】　関数 $y=f(x)=2x+\dfrac{18}{x}$（x は正の実数）の増減表を書いて，関数グラフの概形を捉えなさい。

A2.　Excel による計算方法

本書は，OR の基本的な技法を平易な例題で説明することを目的としている。そのため，多くの例題は手計算で解けるものばかりである。しかし，現実の問題は変数やデータの数が多くなって，どうしてもコンピュータの助けを借りないと解けないことが多い。

しかし，幸いにしてわれわれは，身近なソフトウェアである Excel を用いて，かなり大きな問題を解ける環境にある。そこで，この付録では OR に有用な Excel のツールとして「ソルバー」と「分析ツール」を簡単に説明する。読者は，Excel の基本的な使い方をすでに修得していることを想定している。

A2.1　ソルバーによる最適化

ソルバーは，第 3 章にあった線形計画問題をはじめ，多くの最適化問題を解くことができる汎用ツールである。

【例題 A2.1】　制約条件

$$2x+y \leqq 100 \tag{A2.1}$$

$$3x+6y \leqq 240 \tag{A2.2}$$

$$x \geqq 0 \tag{A2.3}$$

$$y \geqq 0 \tag{A2.4}$$

のもとで，目的関数

$$z=2x+3y \tag{A2.5}$$

を最大にするような x, y の値を求めなさい（第3章の例題3.1と同一問題）。

（解答） 以下の手順で，Excelのソルバーを用いて解いてみよう。

◎問題を解くためのワークシート・レイアウトの作成

① Excelブックファイルを新規に開く（「空白のブック」を選択）

② ワークシート（例えばSheet1）に**図A2.1**のようなレイアウトを作成し，制約条件（非負条件を除く）や目的関数にある値を手動で入力

※罫線や背景色の設定は必須ではないが，設定したほうがわかりやすい。

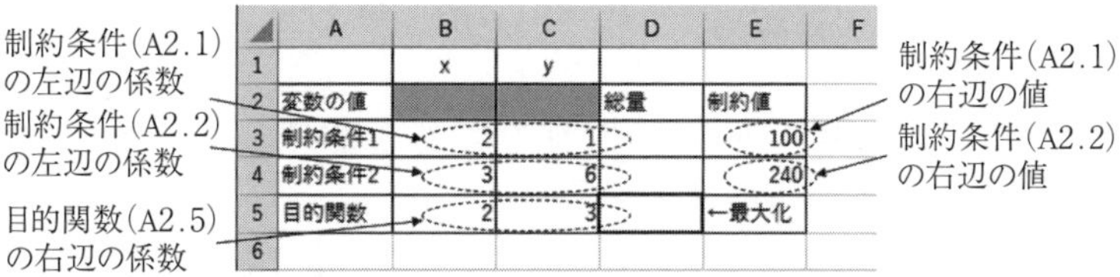

	A	B	C	D	E	F
1		x	y			
2	変数の値			総量	制約値	
3	制約条件1	2	1		100	
4	制約条件2	3	6		240	
5	目的関数	2	3		←最大化	
6						

制約条件(A2.1)の左辺の係数
制約条件(A2.2)の左辺の係数
目的関数(A2.5)の右辺の係数
制約条件(A2.1)の右辺の値
制約条件(A2.2)の右辺の値

図A2.1　例題A2.1を解くためのレイアウト

◎初期値に対する制約条件の左辺と目的関数の値の計算

① x の初期値（例えば1）をB2セルに，y の初期値（例えば1）をC2にそれぞれ入力

② D3セルに＝SUMPRODUCT(B3:C3,$B$2:$C$2)と入力

③ D3セルの式をクリップボードにコピーし，D4:D5に数式のみ貼り付け

※**図A2.2**のように得られればOK。

〈参考〉 SUMPRODUCT関数は，n 組のデータ

$$a_1,\ a_2,\ \cdots,\ a_n$$

	A	B	C	D	E	F
1		x	y			
2	変数の値	1	1	総量	制約値	
3	制約条件1	2	1	3	100	
4	制約条件2	3	6	9	240	
5	目的関数	2	3	5	←最大化	
6						

図 A2.2　初期値に対する制約条件の左辺と目的関数の計算

$$b_1,\ b_2,\ \cdots,\ b_n$$

が与えられているとき

$$a_1b_1 + a_2b_2 + \cdots + a_nb_n$$

を計算する。その書式は次のとおりである。

=SUMPRODUCT($a_1,\ a_2,\ \cdots,\ a_n$ の範囲，$b_1,\ b_2,\ \cdots,\ b_n$ の範囲)

◎ソルバーの準備

① 「データ」タブを開き，「ソルバー」があるか否か確認する（**図 A2.3**）

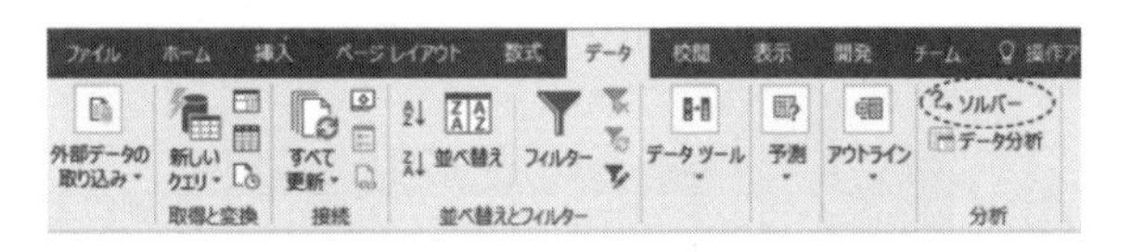

図 A2.3　「ソルバー」の利用可否の確認

② （もし「ソルバー」がない場合）次の手順で使用可能にする

（a）「ファイル」タブ→「オプション」の順にクリック

（b）「アドイン」→「設定」の順にクリック

（c）「ソルバーアドイン」にチェックを入れて「OK」をクリック

※（a）～（c）の設定は，通常は最初に1回だけ行えば済むが，大学などにある共用の PC では，ログイン後毎回行わないといけない場合がある。

◎ソルバーの実行

① 「データ」タブ→「ソルバー」の順にクリック

② **図 A2.4** のように，目的セルの設定として目的関数値のセル（$D$5），目標値として<u>最大値</u>，変数セルの変更として変数値のセル（$B$2:$C$2）

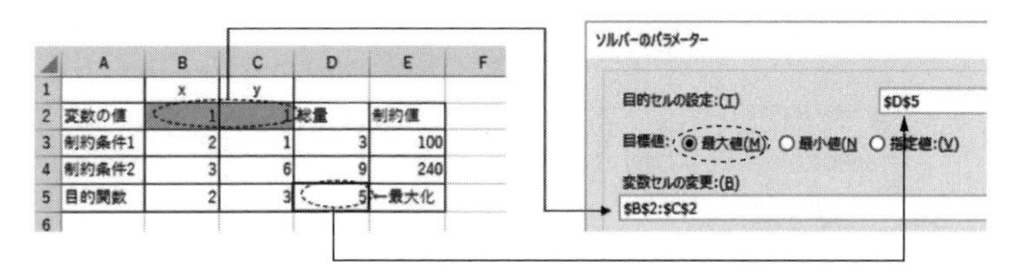

図 **A2.4** 目的セル，目標値，変数セルの設定

を設定

③ 制約条件の対象の「追加」をクリック

④ 1つ目の制約条件を**図 A2.5** のように設定して，「追加」をクリック

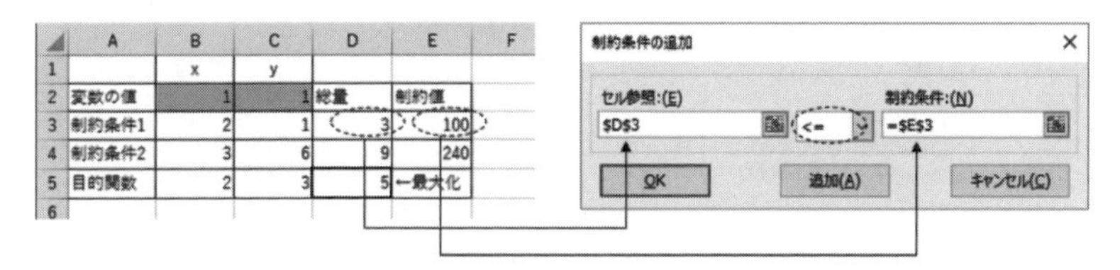

図 **A2.5** 制約条件（A2.1）の設定

⑤ 2つ目の制約条件を**図 A2.6** のように設定して，「OK」をクリック

⑥ **図 A2.7** のように，「制約のない変数を非負数にする」にチェックを入れ，解決方法の選択をシンプレックス LP とする

⑦ **図 A2.8** のように設定できたことを確認して「解決」をクリック

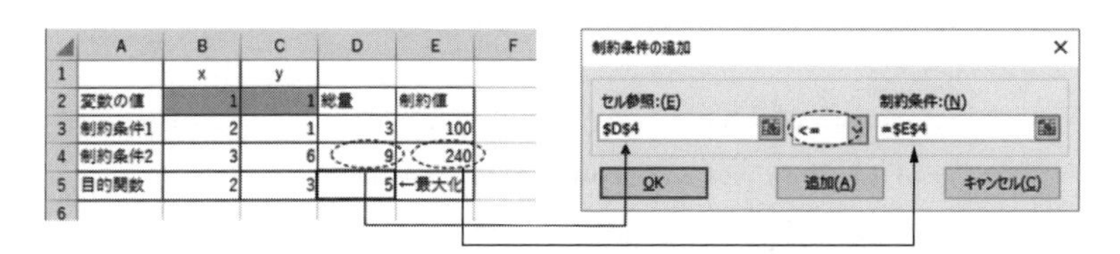

図 **A2.6** 制約条件（A2.2）の設定

図 **A2.7** 非負制約の設定と解決方法の選択

図 **A2**.8　ソルバーの設定（完了）

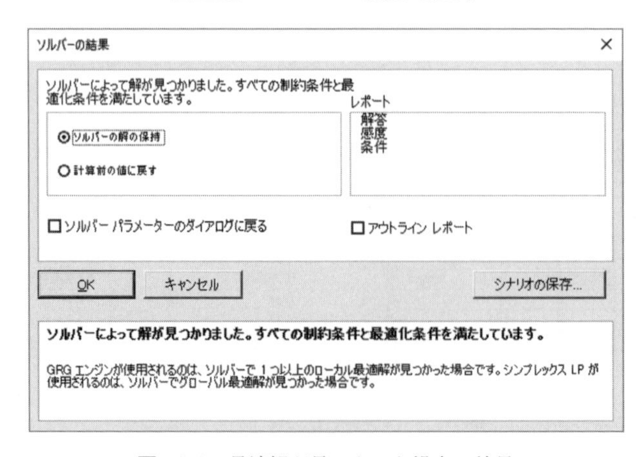

図 **A2**.9　最適解が見つかった場合の結果

⑧ （最適解が見つかった場合）**図 A2**.9 のウィンドウで「OK」をクリック

最終的に，**図 A2**.10 のような結果（$x=40$，$y=20$ のとき $z=140$ で最大）が得られれば，例題 A2.1 は成功である。

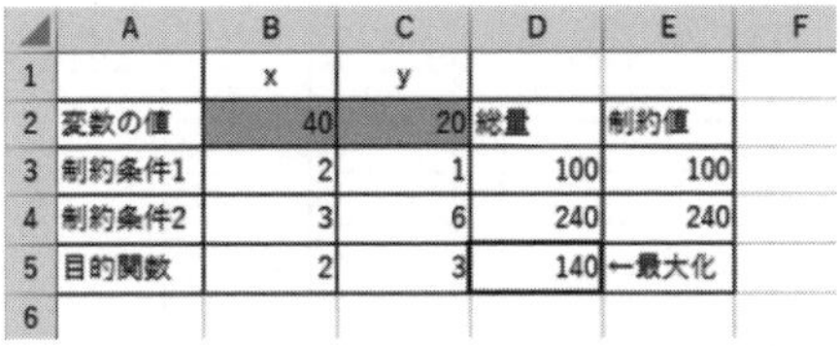

	A	B	C	D	E	F
1		x	y			
2	変数の値	40	20	総量	制約値	
3	制約条件1	2	1	100	100	
4	制約条件2	3	6	240	240	
5	目的関数	2	3	140	←最大化	
6						

図 A2.10　ソルバー実行後

□

A2.2　分析ツールによる回帰分析

分析ツールは，Excelにおいて簡単な統計解析を行うためのツール群である。第5章で取り上げた回帰分析は，分析ツールで十分実行可能である。

【例題 A2.2】　2つの説明変数 X_1，X_2，被説明変数 Y に対して，**表 A2.1** のような5組のデータが得られている。

このデータから，線形回帰モデル $Y=a_1X_1+a_2X_2+b$ を最小2乗法で推定しなさい（第5章の例題5.3と同一問題）。

表 A2.1　変数 X_1，X_2，Y に対する5組のデータ

データ No.	X_1	X_2	Y
1	275	30	35.5
2	395	25	40.3
3	205	25	31.7
4	305	35	37.2
5	320	10	35.3

（解答）　以下の手順で，Excelの分析ツールを用いて解いてみよう。

◎問題を解くためのワークシート・レイアウトの作成

① Excelブックファイルを新規に開く（「空白のブック」を選択）

② ワークシート（例えばSheet1）に**図 A2.11** のような数表を手動で作成

◎分析ツールの準備

① 「データ」タブを開き，「データ分析」（「分析ツール」の別名）があるか否か確認する（**図 A2.12**）

② （もし「データ分析」がない場合）次の手順で使用可能にする

（a）「ファイル」タブ→「オプション」の順にクリック

	A	B	C	D	E
1	データNo.	X1	X2	Y	
2	1	275	30	35.5	
3	2	395	25	40.3	
4	3	205	25	31.7	
5	4	305	35	37.2	
6	5	320	10	35.3	
7					

図 A2.11　例題 A2.2 を分析するためのレイアウト

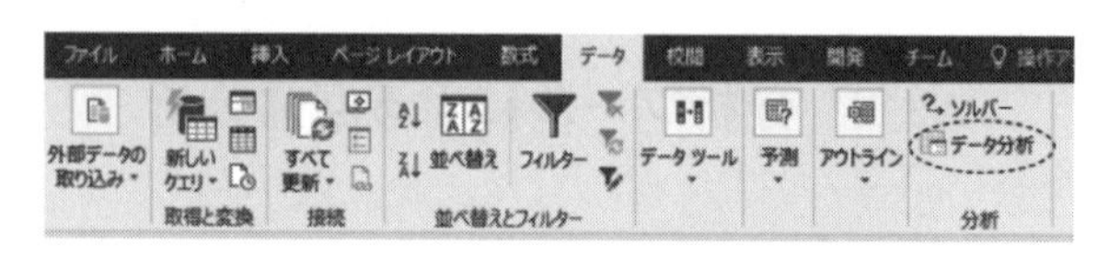

図 A2.12　「データ分析」の利用可否の確認

（b）「アドイン」→「設定」の順にクリック

（c）「分析ツール」と「分析ツール - VBA」の両方にチェックを入れて「OK」をクリック

※（a）～（c）の設定は，通常は最初に 1 回だけ行えば済むが，大学などにある共用の PC では，ログイン後毎回行わないといけない場合がある。

◎分析ツールの実行

① 「データ」タブ→「データ分析」の順にクリック

② 分析ツール一覧で「回帰分析」を選択して「OK」をクリック

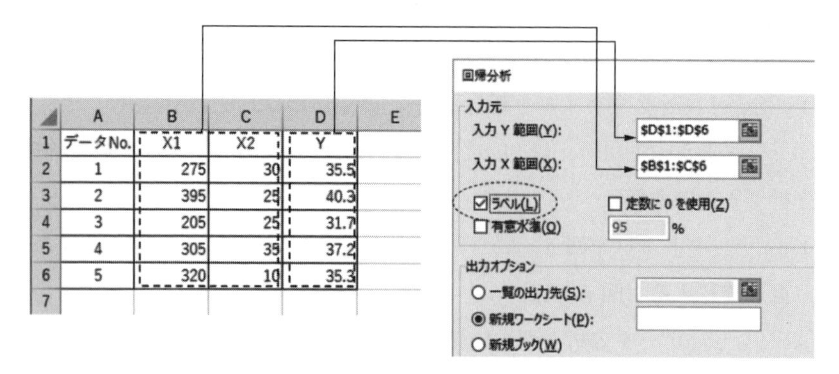

図 A2.13　分析ツール「回帰分析」での設定

③　**図 A2.13** のように，入力 Y 範囲に被説明変数のラベルとデータの範囲を，入力 X 範囲に説明変数のラベルとデータの範囲をそれぞれ指定し，「ラベル」にチェックを入れて「OK」をクリック

※データは説明・被説明変数ともに列方向（縦方向）に入力されていなければならない。また，説明変数が複数ある場合，それらのデータは隣接して入力しなければならない。

新規ワークシートに，**図 A2.14** のように出力されれば成功である。この結果から，線形回帰モデル

$$Y = 0.045\,081 X_1 + 0.105\,444 X_2 + 19.839\,7$$

が推定されたことになる。

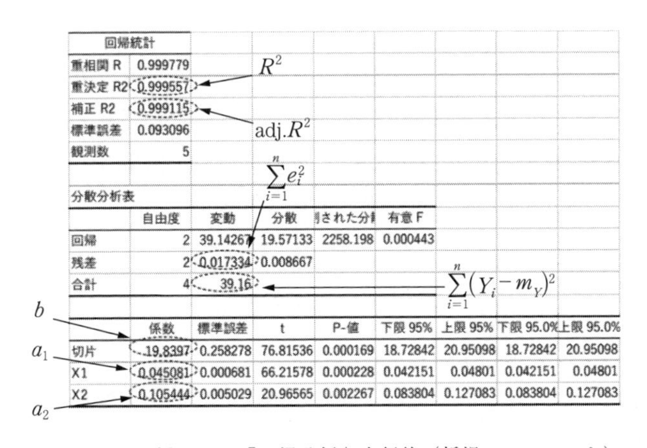

回帰統計	
重相関 R	0.999779
重決定 R2	0.999557
補正 R2	0.999115
標準誤差	0.093096
観測数	5

分散分析表

	自由度	変動	分散	された分	有意 F
回帰	2	39.14267	19.57133	2258.198	0.000443
残差	2	0.017334	0.008667		
合計	4	39.16			

	係数	標準誤差	t	P-値	下限 95%	上限 95%	下限 95.0%	上限 95.0%
切片	19.8397	0.258278	76.81536	0.000169	18.72842	20.95098	18.72842	20.95098
X1	0.045081	0.000681	66.21578	0.000228	0.042151	0.04801	0.042151	0.04801
X2	0.105444	0.005029	20.96565	0.002267	0.083804	0.127083	0.083804	0.127083

図 A2.14　分析ツール「回帰分析」実行後（新規ワークシート）

□

あ と が き

学生のモチベーションを保ちながらORの基礎を習得することを目的として，OR問題の本質を数式を用いずに説明し，また学生が興味を引く例題や課題を作成し，できるだけわかりやすいテキストになるように心がけた。しかし，われわれの目標は達成しただろうか？ そもそも本書を手に取って読んでくれるだろうか？ 50冊以上ある市販のORの本の中から本書を選んでもらう方法をこれから考えなければならない。

本書を読んで「ORが好きになった」，「ORをもっと深く知りたい」という人からの口コミ，著者の先生方のWebページなどでの啓蒙活動，あるいは，「本書を手に取ってもらうための本」が必要かもしれない。

いったん手に取ってもらえば，豊富な例題と課題を解き，あるいは数式のないわかりやすい説明を読むことによりモチベーションは上がり，楽しくORを学ぶことができると確信する。ぜひ，本書を読んで，一人でも知能情報が好きな学生が現れることを願っている。

札幌の街は，例年にない豪雪も一段落して，冬季最大の祭りである「さっぽろ雪まつり」の準備に追われている。世界各地から観光客が続々と集まり，街は英語や中国語を話す老若男女で満ちあふれている。雪祭りの喧騒から離れ，北海道庁赤レンガ前のカフェでコーヒーを片手に，やがて来る春を待ちわびながら本稿を書いている。

2017年2月

北海道庁赤レンガにて

著者代表　大堀　隆文

索　　引

——著者略歴——

大堀　隆文（おおほり　たかふみ）
1973年　北海道大学工学部電気工学科卒業
1975年　北海道大学大学院工学研究科修士課程修了（電気工学専攻）
1978年　北海道大学大学院工学研究科博士後期課程修了（電気工学専攻）
　　　　工学博士
1978年　北海道工業大学講師
1981年　北海道工業大学助教授
1993年　北海道工業大学教授
2014年　北海道科学大学教授（名称変更）
2016年　北海道科学大学名誉教授

加地　太一（かじ　たいち）
1986年　北海道大学水産学部増殖学科卒業
1988年　北海道大学大学院工学研究科修士課程修了（情報工学専攻）
1988年　株式会社東芝入社
1989年　北海道情報大学助手
1994年　小樽商科大学助教授
1997年　博士（工学）（北海道大学）
2003年　小樽商科大学教授
　　　　現在に至る

穴沢　務（あなざわ　つとむ）
1987年　埼玉大学教養学部教養学科卒業
1989年　筑波大学大学院経営・政策科学研究科修士課程修了
1989年　小樽商科大学助手
1997年　札幌大学専任講師
2000年　札幌大学助教授
2001年　博士（理学）（慶應義塾大学）
2002年　北海学園大学助教授
2005年　北海学園大学教授
2007年　久留米大学教授
　　　　現在に至る

例題で学ぶ OR 入門
Introduction to OR with Examples

2017年4月21日　初版第1刷発行　★
2019年9月5日　初版第2刷発行

検印省略

著　者　大堀　隆文
　　　　加地　太一
　　　　穴沢　務
発行者　株式会社　コロナ社
　　　　代表者　牛来真也
印刷所　萩原印刷株式会社
製本所　有限会社　愛千製本所

112-0011　東京都文京区千石4-46-10
発行所　株式会社　コロナ社
CORONA PUBLISHING CO., LTD.
Tokyo Japan
振替 00140-8-14844・電話(03)3941-3131(代)
ホームページ　http://www.coronasha.co.jp

ISBN 978-4-339-02874-4　C3055　Printed in Japan　（齋藤）